JN238984

Constellation Myth of Four Seasons

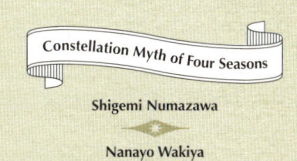

Shigemi Numazawa

Nanayo Wakiya

美しい星座絵でたどる
四季の星座神話

沼澤茂美・脇屋奈々代

Constellation Myth of Four Seasons

Contents

World of Constellation Mythology
星座神話の世界　　5

星座神話の誕生 ……………………………………… 7
星占いと黄道12宮 …………………………………… 12

Mythology of Constellations in the Spring
春の星座神話　　15

❈ 春の星座　　　　　　　　　　　　　　　　16
おおぐま座　　　　　　　　　　　　　　　　18
　❈ おおぐま座ものがたり　　　　　　　　　20
かに座　　　　　　　　　　　　　　　　　　22
　❈ かに座ものがたり　　　　　　　　　　　24
しし座　　　　　　　　　　　　　　　　　　26
　❈ しし座ものがたり　　　　　　　　　　　28
うしかい座・かみのけ座　　　　　　　　　　30
　❈ かみのけ座ものがたり　　　　　　　　　32
　❈ うしかい座ものがたり　　　　　　　　　33
おとめ座　　　　　　　　　　　　　　　　　34
　❈ おとめ座ものがたり　　　　　　　　　　36
うみへび座・からす座・コップ座　　　　　　38
　❈ うみへび座ものがたり　　　　　　　　　40
　❈ コップ座・からす座ものがたり　　　　　41

Mythology of Constellations in the Summer
夏の星座神話　　43

❈ 夏の星座　　　　　　　　　　　　　　　　44
りゅう座　　　　　　　　　　　　　　　　　46
　❈ りゅう座ものがたり　　　　　　　　　　48
ヘルクレス座・かんむり座　　　　　　　　　50
　❈ ヘルクレス座ものがたり　　　　　　　　52
　❈ かんむり座ものがたり　　　　　　　　　53

こと座・はくちょう座	54
✷ こと座ものがたり	56
✷ はくちょう座ものがたり	57

へびつかい座・へび座 ……………… 58
　✷ へびつかい座・へび座ものがたり … 60

てんびん座・さそり座 ……………… 62
　✷ てんびん座ものがたり …………… 64
　✷ さそり座ものがたり ……………… 65

わし座・いるか座 …………………… 66
　✷ わし座ものがたり ………………… 68
　✷ いるか座ものがたり ……………… 68

いて座 ………………………………… 70
　✷ いて座ものがたり ………………… 72

Mythology of Constellations in the Autumn
秋の星座神話　　75

　✷ 秋の星座 …………………………… 76

やぎ座・みずがめ座 ………………… 78
　✷ やぎ座ものがたり ………………… 80
　✷ みずがめ座ものがたり …………… 81

ペガスス座 …………………………… 82
　✷ ペガスス座ものがたり …………… 84

うお座 ………………………………… 86
　✷ うお座ものがたり ………………… 88

アンドロメダ座・ペルセウス座 …… 90
　✷ ペルセウス座ものがたり ………… 92
　✷ アンドロメダ座ものがたり ……… 93

くじら座 ……………………………… 94
　✷ くじら座ものがたり ……………… 96

おひつじ座 …………………………… 98
　✷ おひつじ座ものがたり ………… 100

Mythology of Constellations in the Winter
冬の星座神話　　103

　✷ 冬の星座 ………………………… 104

ぎょしゃ座 ………………………… 106
　✷ ぎょしゃ座ものがたり ………… 108

おうし座 ……………………………………………………… 110
　✶ おうし座ものがたり ……………………………………… 112
オリオン座・うさぎ座 ……………………………………… 114
　✶ オリオン座ものがたり ………………………………… 116
いっかくじゅう座・おおいぬ座・こいぬ座 ……………… 118
　✶ おおいぬ座ものがたり ………………………………… 120
　✶ こいぬ座ものがたり …………………………………… 121
　✶ いっかくじゅう座ものがたり ………………………… 121
ふたご座 ……………………………………………………… 122
　✶ ふたご座ものがたり …………………………………… 124

Mythology of Constellations in the World
その他の星座神話 …………………………………… 127

その他の星座神話 ……………………………………………… 128
　✶ エリダヌス座 ……………………………………………… 128
　✶ みなみのうお座 …………………………………………… 129
　✶ や座 ………………………………………………………… 129
　✶ うしかい座 ………………………………………………… 130
　✶ プレヤデス星団 …………………………………………… 130
　✶ アルゴ船の物語 …………………………………………… 131
各国に伝わる星座神話 ………………………………………… 134
　✶ 北斗七星──ロシアに伝わる星座物語 ………………… 134
　✶ カノープス──日本に伝わる星座物語 ………………… 135
　✶ さそり座──ニュージーランドに伝わる星座物語 …… 136
　✶ 天の川──世界各国に伝わる星座物語 ………………… 136
　✶ 星のふる池──日本に伝わる星座物語 ………………… 139
　✶ 四方を守る星座──中国に伝わる星座神話 …………… 144
　✶ エジプトの星座 …………………………………………… 150
　✶ インカの星座 ……………………………………………… 154
　✶ インカの宇宙観 …………………………………………… 156

Constellation Mythology Data
星座神話データ ……………………………………… 157

本書に掲載された星座神話マップ …………………………… 158
ギリシャ神話の神々の系譜 …………………………………… 160
ギリシャ神話の人物相関図 …………………………………… 162
ギリシャ神話に登場する神々の役割 ………………………… 163
ギリシャ神話の地理 …………………………………………… 164
星座リスト ……………………………………………………… 167
索引 ……………………………………………………………… 170

World of Constellation Mythology

星座神話の世界

輝く星々を結んで星座が生まれたのは今から5000年ほど昔のことだと考えられています。そこには、動物や英雄の姿がちりばめられ、神話物語が展開していきました。

南東の空に輝く冬の星座

星座神話の世界

星座神話の誕生

　街に住んでいると、夜空の彼方にたくさんの星が輝いていることを忘れてしまいがちです。都会の夜空は、高層ビルの灯りや街灯、たくさんの車、ネオンサインに照らされて、ほとんどの星の光はその中に埋もれてしまっています。しかし、ほんの少しでも都会の喧噪を離れると、そこには、美しい星空が広がっていて、驚かされるでしょう。そんな星々をじっと眺めていると、そのうちに、星の並びが何かの形に見えてくることがあります。それは、日頃よく目にする生活の道具だったり、よく知る動物の姿だったり、身近な友人だったりするかもしれません。初めて星座が作られたのも、そんな何気ない日常の出来事からだったと思われます。

　私たちが現在使っている星座が初めて誕生した場所は、今から5000年以上も前のメソポタミア地方（現在のイラク）だといわれています。チグリス川とユーフラテス川が海へ注ぎ込むあたり、ここにシュメールと呼ばれる地域があり、「シュメール人」と呼ばれる人々が住んでいました。彼らは、星の動きによって時間や季節を知る術を心得ていました。最初のうちは、種蒔きの季節、刈り入れの季節を知るために、目印となるような明るい星を毎晩観測していたのかもしれません。そのうち、彼らは、星々をつないで、身近な動物たちや彼らの神様の姿、伝説の英雄の姿を夜空に当てはめて行きました。これが、私達の使っている星座の始まりです。

　やがて、シュメールは、バビロニアやアッシリアに征服されてしまいましたが、彼らの作った星座達は、占い好きのバビロニア人らに取り入れられ、占星術となって、より一層発展しました。そして、バビロニア・アッシリアが勢力を拡大していくのにあわせて、星座も周辺諸国へと広がっていきました。

　一方、古代ギリシャでは、神話が作られ、語り継がれていました。彼らは、自然の中のすべての物の中に神を見いだし、無数の神々を生み出していました。メソポタミアやエジプトでは、神は威厳があって、高い位置から人間を見おろしていましたが、ギリシャの神は、泣いたり、笑ったり、女性に恋

バビロニア人の作ったジグラットの遺跡

メソポタミアの放牧民

16世紀の中頃に建設されたイタリアのファルネーゼ宮殿の天上に描かれた星座図（フレスコ画）

したり、とても人間的な神だったのです。そのため、ギリシャ神話はとても親しみやすい物語となっています。このギリシャ神話が、東方から入ってきた星座と結びつきました。このことが、星座が広く世界に広まり、後世まで伝わった理由の1つだといわれています。

ギリシャでは紀元前9世紀頃作られたとされるホメロスの叙事詩「イリアス」と「オデュッセイア」に、オリオン座、プレヤデス星団、ヒヤデス星団、アークトゥルス、おおぐま座、シリウスなどの名前がすでに出てきます。ヘシオドスの農事詩「仕事と日々」にも、季節を知る目印としていくつかの星座がうたわれています。さらに紀元前350年頃にはエウドクソスが天文書を著し、その中で星座の解説がされているといわれていますが、残念ながらこの著書が残っていないのでどんな星座があったのか、よく分かりません。しかし、このエウドクソスの書にもとづいて、アラトスは紀元前207年に「ファイノメナ」を記したとされています。ファイノメナの中には、今日使われている星座のうち44個がうたい込まれています。ただ、アラトスは天文学者ではなかったので多少間違いがあり、紀元前150年頃、天文学者ヒッパルコスがエウドクソスとアラトスの星と星座に関する批判を本に記しました。またヒッパルコスは46星座を本に記しています。

しかし、ギリシャの星座を整理した功労者はトレミーです。紀元2世紀、トレミーはヒッ

パルコスの著書を参考にして48個の星座、そしてそれに関係する想像力豊かなギリシア神話をまとめあげました。これらは現在でも「トレミーの48星座」と呼ばれ、使われています。

　以後、ヨーロッパでは1400年あまりにわたって星座への関心は失われてしまいました。かろうじてアラビア世界で星に名前が付けられたりしましたが、星座の形はすべてギリシャ星座が元となっていました。

　やがて、15～16世紀になると、ヨーロッパは大航海時代を迎えました。南半球まで行けるようになったヨーロッパ人たちは、シュメール人やギリシャ人達の知らなかった星空を初めて目にしました。そこには、星座の無い星空が広がっていたのです。天文学者達は先を争って星座を作り始めました。

　1603年、ドイツのバイエルは「ふうちょう(座)」「カメレオン(座)」「かじき(座)」「つる(座)」など南半球で発見された珍しい生き物を星座にし、南天に新しい星座12個を加えました。

　1624年、ドイツのバルチウスが「きりん(座)」「いっかくじゅう(座)」「はと(座)」「みなみじゅうじ(座)」の4星座を新たに提案し、1679年、フランスのロワイエがそれを採用して星図に加えたことから広まっていきました。

　1690年、ポーランドのヘベリウスは北天の空隙に、「こぎつね(座)」「こしじ(座)」「たて(座)」「とかげ(座)」「やまねこ(座)」「ろくぶんぎ(座)」「りょうけん(座)」の7星座を新設

イタリアのファルネーゼ宮殿の星座図（続き）

しています。

　1763年には、フランスのラカイユが、南半球の空の残っていた隙間に「がか（座）」「コンパス（座）」「けんびきょう（座）」「じょうぎ（座）」「ちょうこくぐ（座）」「テーブルさん（座）」「とけい（座）」など13個の星座を新設し、また、アルゴ船座が大きすぎるとして4つに分け、「とも（座）」「ほ（座）」「らしんばん（座）」「りゅうこつ（座）」を作りました。

　これら以外にも、17〜18世紀にかけて多くの天文学者がさまざまな新設星座を提案しました。「トナカイ（座）」「ケルベロス（座）」「でんききかいしつ（座）」「ひどけい（座）」などは暗い星座で分かりにくかったり、周囲の星座となじまなかったので消えて行きました。また、「チャールズの樫の木（座）」「フリードリヒの栄誉（座）」など当時の権力者をたたえる星座も作られましたが、時代の移り変わりと共に消えてしまいました。

　最終的には、1930年に世界中の天文学者達が集まり、星座の総数を88とし、星座の境界線もはっきりと決められて今日に至っています。世界中で親しまれている星座が正式に決定されて80年以上が経過したことになります。

　しかし、世界各地には、その土地の神話や伝説、生活習慣に根ざした独特の星座が生き続けていることも忘れてはなりません。それらの姿を星空に思い描くことで、星空の楽しみがさらに大きく広がっていくことでしょう。

バリットの星図に描かれたしぶんぎ座は、現在は存在しないが、ここを中心に流れ星が流れる「しぶんぎ座流星群」の名前に残されている。

19世紀の初めに作られたバリットの星図には現在は無くなったポニアトフスキーのおうし座やアンティノウス座（わし座の頭の下に描かれた弓を持った男性）が描かれている。

星座神話の世界 ✦ 11

星座神話の世界

星占いと黄道12宮

　星座神話とは異なった生い立ちを持ちながら、今日まで人々に受け継がれてきたものに星占いがあります。

　古代メソポタミアでは紀元前3000年にはすでに星座の絵が描かれ、暦を作り、天文観測が行われていました。やがて、彗星の出現や日月食のような単発的な天文現象によって国家や国王の吉凶が占われるようになりました。古くは紀元前1900年頃の天文の記録が残っており、そこに月食と占いについての記述があるといいます。紀元前650年頃、アッシリアのアッシュルバニパル王の時代には、王都ニネヴェが曇っていても天文現象を観測できるようにと各地に占星術師が派遣されていたことが知られています。アッシリアでは月食は凶兆であり、月食が起こると、汚れを払うため王の身代わりが立てられ、殺されたといいます。

　このような星占いは、やがて、個人の運勢を占うホロスコープ占星術に発展しました。現存する最古の個人の占い図はバビロニアから出土し、惑星の位置から紀元前410年頃のものと推定されています。

　以後、ギリシャ、ローマで発展を続けた星占いには黄道12宮が使われます。実は、これは黄道12星座とは少し異なります。太陽の通り道＝黄道上には12（正確には13）星座が位置していますが、星座の大きさはまちまちで、太陽はかならずしも各星座に1ヶ

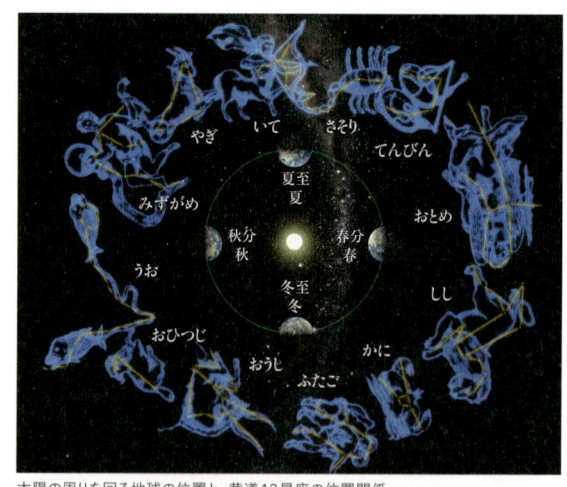

太陽の周りを回る地球の位置と、黄道12星座の位置関係

黄道12星座　うお座からしし座まで

12

月間存在するわけではないのです。紀元前150年頃に活躍したギリシャの天文学者ヒッパルコスは、春分点を起点として黄道を12等分し、30°ごとに区間を区切って、黄道12宮を設定しました。この12宮が星占いに使われているのです。12宮は白羊宮、金牛宮、双児宮…などと名付けられており、本来は星占いでは白羊宮生まれなどと呼んだ方が正しいのではないかと思われますが、なぜか、日本ではおひつじ座生まれなどと呼ばれているため、黄道12星座と混同されることがしばしばです

　現在の12宮と12星座を比較すると、表に示したように相当する星座とは1区画分ほどずれています。これは、地球の自転軸が2万6000年の周期で直径48°の大円を描いて変化している（歳差運動といいます）ためです。つまり、星占いが作られた頃に比べて、占いの根拠はだいぶ変化してしまっていることが理解できます。

黄道12宮	記号	読み方	日本での一般的な呼称	黄経	太陽がとどまる期間	現在の星座
白羊宮	♈	はくようきゅう	おひつじ座	0°～30°	3月21日頃～4月19日頃	うお座
金牛宮	♉	きんぎゅうきゅう	おうし座	30°～60°	4月20日頃～5月20日頃	おひつじ座とおうし座の1部
双児宮	♊	そうじきゅう	ふたご座	60°～90°	5月21日頃～6月21日頃	おうし座
巨蟹宮	♋	きょかいきゅう	かに座	90°～120°	6月22日頃～7月22日頃	ふたご座
獅子宮	♌	ししきゅう	しし座	120°～150°	7月23日頃～8月22日頃	かに座としし座の1部
処女宮	♍	しょじょきゅう	おとめ座	150°～180°	8月23日頃～9月22日頃	しし座とおとめ座の1部
天秤宮	♎	てんびんきゅう	てんびん座	180°～210°	9月23日頃～10月23日頃	おとめ座
天蠍宮	♏	てんかつきゅう	さそり座	210°～240°	10月24日頃～11月22日頃	おとめ座の1部とてんびん座
人馬宮	♐	じんばきゅう	いて座	240°～270°	11月23日頃～12月21日頃	さそり座とへびつかい座の1部といて座の1部
磨羯宮	♑	まかつきゅう	やぎ座	270°～300°	12月22日頃～1月20日頃	いて座
宝瓶宮	♒	ほうへいきゅう	みずがめ座	300°～330°	1月21日頃～2月18日頃	やぎ座とみずがめ座の1部
双魚宮	♓	そうぎょきゅう	うお座	330°～360°	2月19日頃～3月20日頃	みずがめ座とうお座の1部

黄道12星座　おとめ座からみずがめ座まで

星座神話の世界　★　13

水田に映る夏の天の川と夏の星座

Mythology of Constellations in the Spring

春の
星座神話

春の夜空で目を惹くのは、
怪物の姿をしたいくつもの巨大な星座です。
ギリシャの英雄ヘラクレスとの
死闘を演じた物語が伝えられています。

✹ 春の星座

　春の星座には3個の1等星が輝くものの、最も1等星の数が多い冬の星座と天の川に沿って輝くきらびやかな夏の星座に挟まれ、少し地味な感じに見えます。その上、巨大で星の並びの散漫な星座が多いことから、星座が探しにくいといわれています。しかし、コツさえ分かれば、星座をたどることはそれほど難しくありません。

　春の星座を探す時は、「北斗七星」「春の大曲線」「春の大三角」が目印となります。

　北の空で、ほぼ同じ明るさの7つの星がひしゃくの形に並ぶ北斗七星は容易に見つけることができるでしょう。これがおおぐま座の目印です。

　北斗七星が形作る巨大なひしゃくの柄をその曲がり具合に沿ってのばして行くとオレンジ色の1等星「アークトゥルス」、白色の1等星「スピカ」を通って4個の星が形作る小さな台形にぶつかりま

同じような空が見える時期	
★12月中旬	5時
★1月中旬	3時
★2月中旬	1時
★3月中旬	23時
★4月中旬	21時
（北緯35°付近）	

す。この巨大なアークは「春の大曲線」と呼ばれています。アークトゥルスはうしかい座、スピカはおとめ座の目印です。そして、大曲線の終着点に位置する台形がからす座です。

また、アークトゥルスとスピカを結んで右（西）の方へ正三角形を作るとしし座のしっぽに輝く2等星「デネボラ」を見つけることができます。これが「春の大三角」です。デネボラの西に輝く1等星が「レグルス」で、しし座の目印です。ししの鼻先にはかに座が輝きます。

春の大三角の上の辺の真ん中付近にはかみのけ座があり、かみのけ座と北斗七星の間にはりょうけん座があります。

かに座、しし座、おとめ座の下を通って星が点々と連なっているのがうみへび座です。

春の星座神話 ★ 17

Mythology of Constellations in the Spring

Ursa Major / UMa

面積 1280平方度　21時正中　5月上旬

北斗七星をもつ全天で3番目の大きさの星座
おおぐま座

ボーデの星図に描かれた　おおぐま座

　紀元前1200年頃のフェニキア（今のレバノン付近にあった古代都市国家）ではすでに知られていた古い星座です。紀元前850年頃のギリシャの伝説的詩人ホメロスの叙事詩にすでに登場します。トレミーの48星座の1つです。

　おおぐま座の目印は北斗七星です。古代シュメール人（四大文明の1つ、メソポタミア文明の創始者）やバビロニア人（シュメールの後、メソポタミア地方で栄えた）は、この7つの星を戦車の星座と呼んでいました。

正中した頃のおおぐま座

北斗七星

❋ おおぐま座の探し方

　7個の星がひしゃくの形に並ぶ北斗七星が目印です。ここが、大熊の背中からしっぽに当たります。全天88星座の中では3番目に大きな星座ながら星々がまとまっていて、形をたどりやすい星座です。北の空にあって、ほぼ1年中、夜空に見ることができますが、特に春から夏にかけては、宵の空に見やすい位置に輝きます。

星座図の向きに見える時期
- ★ 2月上旬 ……… 3時
- ★ 3月上旬 ……… 1時
- ★ 4月上旬 ……… 23時
- ★ 5月上旬 ……… 21時

春の星座神話

✳︎ おおぐま座ものがたり

長いしっぽの理由

　おおぐま座は、ギリシャ神話では、神々の王ゼウスの子どもを生んだために、嫉妬深いゼウス神の妃ヘーラ女神に呪いをかけられた森のニンフ（下級の女神たち、精霊、妖精）の姿だといいます。

　しかし、本当の熊に比べて星座の熊は、しっぽが異様に長いことをご存じですか？ところ変われば星座も変わる場合が多いのですが、この星座に関しては、ギリシャ人やメソポタミアの人々ばかりでなく、各地で大熊の姿に見ているのが不思議です。そして、アメリカ・インディアンに伝わる神話は、なぜ、この熊のしっぽが長くなったのかを教えてくれています。

　むかし、ある森の近くの洞窟に1匹の大きな熊が住んでいました。ある春の日、熊は川で魚を捕り、蜂蜜をなめ、野原を駆け回って遊んでいるうち、あたりがすっかり暗くなってしまいました。急いで住処の洞窟へ帰ろうとしましたが、あいにく月の無い暗い夜で、熊は道を間違えて森の奥深くへ迷い込んでしまいました。いつの間にか、熊は森の真ん中あたりまで来てしまいました。すると、突然、ひそひそ…ひそひそ…どこからともなく声が聞こえてきました。驚いた熊はあたりを見

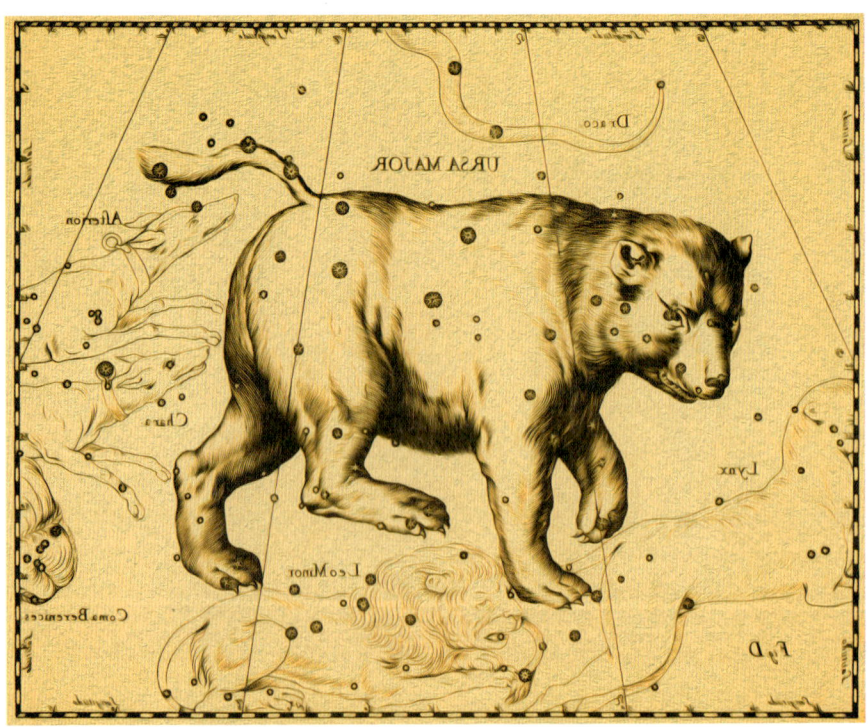

ヘベリウスの星図に描かれた　おおぐま座
（ヘベリウスの星図で文字が逆（裏像）になっているのは、実際の星座の向きに絵を合わせているためです）

回しましたが、誰もいません。

「風が木の葉を揺らしたんだ、きっと」

そう思った熊は、また歩き出しました。すると、また、ひそひそ…ひそひそ…と声が聞こえます。熊は、今度は立ち上がって、周りをじっくり見回しました。すると、どうでしょう。森の木々があちらこちらに動き回り、互いに話をしているではありませんか。驚いた熊は一気に駆け出しました。ひどくあわてて、あちらの木にごっつん、こちらの木にごっつん。どこをどう走っているのかさえわかりません。その時です。恐ろしく大きな樫の木が熊の方に向かって、ずしん、ずしん、音を立てながら歩いて来るではありませんか。実は、この樫の木は、森の大王だったのです。

熊は急いで逃げようとしましたが、大王は、その長い枝をするするっとのばすと、熊のしっぽをつかんで、空中に持ち上げてしまいました。

熊は、恐ろしくて恐ろしくて、必死に暴れました。最初は、ちょっと熊をからかってやろうと思っただけの大王でしたが、熊があまりに暴れるので、とうとうかんしゃくを起こして、熊をぶんぶん振り回すと、空高く投げ上げたのです。

熊は、空にぶつかって星となりましたが、森の大王にしっぽを持って振り回されたために、しっぽが長くなってしまったのだそうです。

森の大王にしっぽをつかまれた熊

✳ おおぐま座ものがたり
悲しい妖精 カリスト

森のニンフのカリストは、狩りの女神アルテミスの侍女でした。アルテミス女神は処女神であり、侍女のカリストも男性には見向きもしません。このカリストに恋したのが、神々の王ゼウスです。ゼウス神は、アルテミス女神に姿を変えてカリストに近づき、まんまとカリストを手に入れてしまったのです。途中で気づいたカリストは抵抗しましたがどうにもなりませんでした。

誰にも言えず、何ヶ月かが過ぎ、カリストの様子がおかしいことにアルテミス女神が気づきました。カリストはゼウス神の子どもを宿していました。アルテミス女神は激しく怒りましたが、もっと怒ったのがゼウス神の妃ヘーラ女神でした。ヘーラ女神はカリストに呪いをかけ、熊に変えてしまったのです。その後、カリストがどうなったかは、うしかい座ものがたり (p33) をご覧ください。

Mythology of Constellations in the Spring

Cancer / Cnc

面積 506平方度 21時正中 3月中旬

甲羅に輝くプレセペが目印の春を告げる星座
かに座

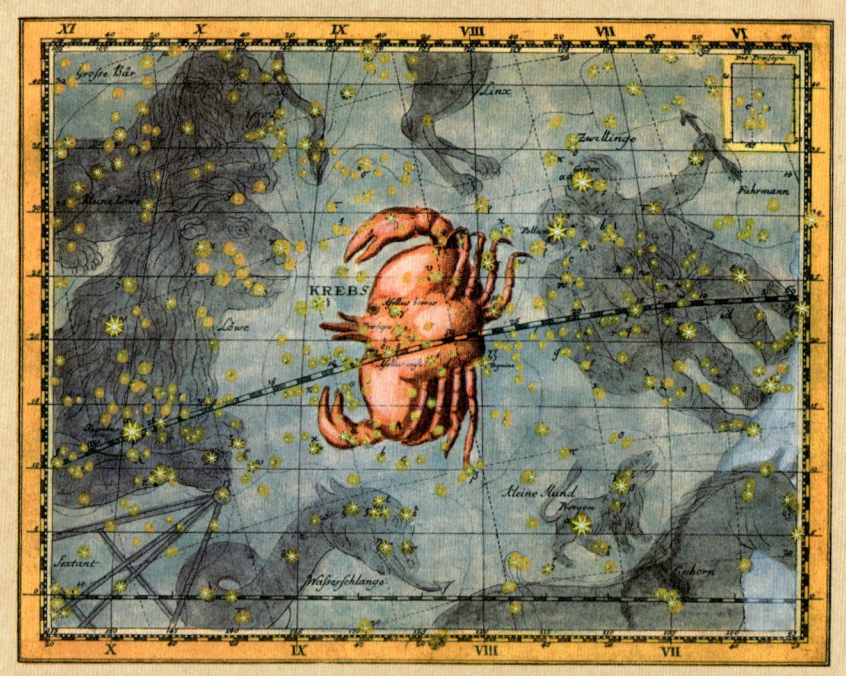

ボーデの星図に描かれた かに座

　起源は古く、紀元前7世紀にはすでに現在のような形の星座として知られていました。西暦120年頃、ギリシャの天文学者トレミーが書いた本の中に紹介されており、トレミーの星座48個の内の1つです。太陽の通り道「黄道」上に横たわる12個の星座「黄道12星座」の1つでもあります。

　ふたご座としし座の間に位置しています。暗く目立たない星座ですが、有名な星団「プレセペ」があることでよく知られています。

正中した頃のかに座

アセルス・ボレアリス
アセルス・アウストラリス → ← プレセペ

✳ かに座の探し方

しし座の鼻先、ぼんやりと小さな光の雲のように見えるプレセペ星団が、かに座の目印です。春の空にぼんやりと輝く怪しい姿に、古代中国では「死体から立ちのぼる妖気」と呼ばれていました。プレセペ星団を囲む4個の星が蟹の甲羅を形作り、そこから四方へ星がのびています。

星座図の向きに見える時期
★ 12月中旬 ……………… 3時
★ 1月中旬 ……………… 1時
★ 2月中旬 ……………… 23時
★ 3月中旬 ……………… 21時

春の星座神話 ★ 23

※ かに座ものがたり

友人を助けようとした化けガニの最後

　ヘラクレスは、大罪を犯した償いとして、12年の間、ティリュンス王エウリステウスに仕え、12の大冒険を行いました。その2番目が、アミモーネの沼に住むヒドラ退治です。

　ヒドラは、9つの頭を持ち、大きさは人間の20倍もある巨大なヘビです。口からは毒ガスを吐くという怪物です。ヘラクレスは、甥のイオラーオスが操る戦車に乗って、アミモーネの沼までやってきました。

　ヘラクレスの姿を見つけるとヒドラは、すばやく両足にからみつき、ヘラクレスを大地に倒すと、顔に毒ガスを吹きかけてきました。ヘラクレスもこん棒や剣を振ってヒドラに対峙しました。最初は優勢だったヒドラもヘラクレスの激しい攻撃に遭い次第に劣勢の色が濃くなってきました。

　これを見ていたのが、沼の住人、化けガニです。化けガニは、ただ体が大きいだけで、ヒドラのような武器は何一つ持っていませんでした。もちろん、英雄ヘラクレスの強さは噂で知っていましたが、同じ沼に住む、友人のヒドラが殴られているのを見て、黙ってはいられなかったのです。無謀とは知りつつ、ヒドラに加勢しようと沼から飛びだして

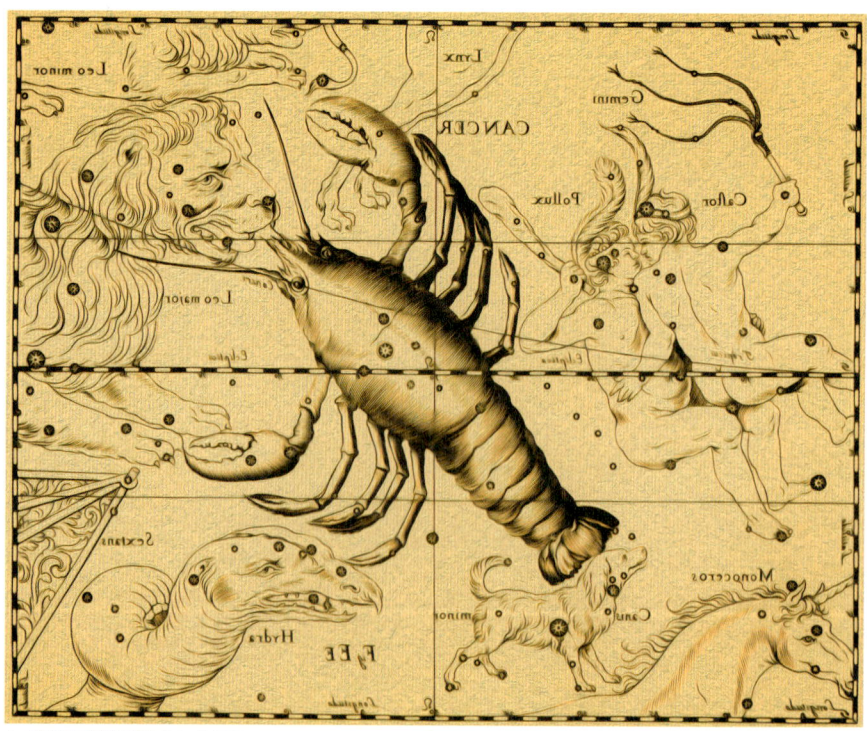

ヘベリウスの星図に描かれた　かに座

きました。そして、ヘラクレスの足をその巨大なはさみでガキッと挟みました。
「痛い! 何だこいつは」
　ヘラクレスは、こん棒を振り上げると一撃で化けガニを砕いてしまいました。あまりにも実力に差がありすぎたのです。
　これを見ていたヘーラ女神は、化けガニの友情にうたれ、怪物を空に上げて星座にしました。それが、かに座だといいます。
　また、一説には、この化けガニは、ヘラクレスを憎む女神ヘーラがヒドラの加勢のために送った怪物だともいわれています。

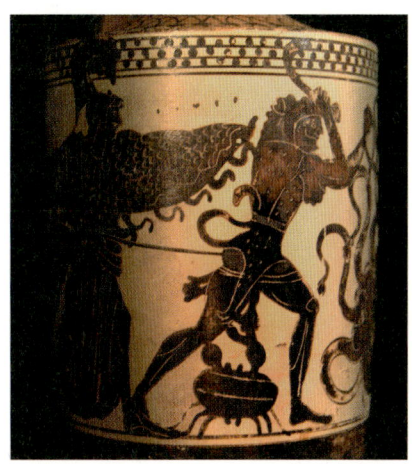

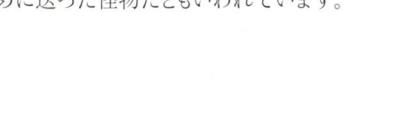

ヘラクレスの足を挟む化けガニ。紀元前500～475年頃、古代ギリシャで作られた、オリーブ油などを貯蔵する陶器製の壺に描かれた

✹ かに座ものがたり
酒の神ディオニュッソスのロバ

　かに座ガンマ星は「アセルス・ボレアリス」、デルタ星は「アセルス・アウストラリス」と呼ばれています。これは「北の小さいロバ」、「南の小さいロバ」という意味があり、2匹のロバは、酒の神ディオニュッソスが頭痛で倒れた時、ディオニュッソス神をその背に乗せて運んだロバだと伝えられています。
　また、一説には鍛冶の神ヘーパイストスと酒の神ディオニュッソスの乗っていた馬の姿だともいわれています。大神ゼウスを先頭に神々が巨人のタイタン族と戦った時、2頭は大きくいなないてタイタン族を驚かせました。これにより戦いの形勢は一気に神々の優勢に傾き、タイタン族は世界の果てへと追放されました。この功績により2頭の馬は星座に上げられたのだといいます。そのとき、2匹の間に飼い葉桶が置かれ、飼い葉を食べている姿となりました。M44プレセペ星団が、その飼い葉桶に当たります。

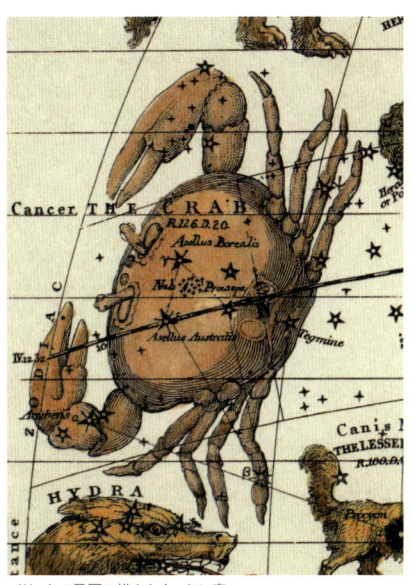

バリットの星図に描かれた　かに座

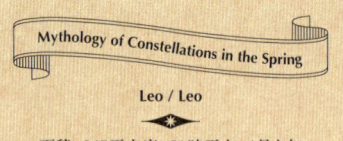

Mythology of Constellations in the Spring

Leo / Leo

面積 947平方度 21時正中 4月中旬

勇壮な獅子を連想させる整った形の星座

しし座

ボーデの星図に描かれた しし座

　紀元前1900年頃、バビロニア時代には、おおいぬ座として知られていましたが、紀元前600年頃の新バビロニア帝国時代に、しし座と名前が変わったようです。トレミーの星座の1つであり、黄道12星座の1つでもあります。

　形の整った、分かりやすい星座で、クエスチョンマークを裏返した形に並ぶ星々が、しし座の目印です。この星の並びは、ヨーロッパで使われる、草刈鎌に形が似ていることから「獅子の大鎌」と呼ばれています。

正中した頃のしし座

デネボラ

レグルス

✳ しし座の探し方

　クエスチョンマークを裏返した形に並ぶ星々が、しし座の目印で、百獣の王ライオン（獅子）の頭から胸を表します。胸のところに明るく輝く星は1等星のレグルスです。そこから東の方へ、台形の形に星が続くところが、ライオンの胴体に当たります。しっぽに輝く2等星デネボラはうしかい座のアークトゥルス、おとめ座のスピカと共に「春の大三角」を形作ります。

星座図の向きに見える時期
★ 1月中旬 ………… 3時
★ 2月中旬 ………… 1時
★ 3月中旬 ………… 23時
★ 4月中旬 ………… 21時

※ しし座ものがたり

ネメアの森に棲む
人喰いライオン

　ネメアの森に、いつの頃からか人喰いライオンが住み着き、村人や通りかかった旅人を襲っていました。退治に向かった勇者も誰1人として戻って来ませんでした。このライオンは、実は、怪物テュフォン（うお座、p88参照）の子で、巨大な上に、その皮膚は鉄よりもかたい怪物だったのです。

　この話が、ティリュンスのエウリステウス王の耳に入りました。王のもとには、自分の妻子を殺した大罪を償うため大神ゼウスの命でヘラクレスが身を寄せていました。「罪の償いにちょうどよい」と、王はヘラクレスにこの怪物退治を命じたのです。

　ネメアの国にたどり着いたヘラクレスは、森の中を案内してくれる人間を捜しましたが、森の近くの住人はすべてライオンに喰われてしまっていて、地理に詳しい人間を見つけることができません。しかたなくヘラクレスは、1人で森の中へと入って行きました。20日間以上ネメアの森をさまよったヘラクレスは、ある日の夕暮れ、やっと、人喰いライオンに出会いました。ライオンは今、人を食べてきたばかりなのか、その口からは真っ赤な血を滴らせています。ヘラクレスは、ライオンに何本も矢を射かけますが、みんなは

ヘベリウスの星図に描かれた しし座

じき返されてしまいました。何も感じないと言いたげに、ライオンはあくびをしています。次に剣を抜いて切りかかりましたが、まるでその剣は紙でできているかのように、ぐにゃぐにゃに曲がってしまいました。こうなってはしかたないと、ヘラクレスはこん棒を振り上げると、渾身の力を込めてライオンの頭を殴りつけました。

　バキッ!! 鈍い音と共に、こん棒は真っ二つに折れてしまいましたが、当のライオンはびくともしないばかりか、再三の攻撃に怒って、ものすごい勢いでヘラクレスに襲いかかってきました。とっさに身をかわし、ライオンを素手で押さえつけたヘラクレスは、3日3晩、ライオンの首を絞め続けて、ついに退治することができました。

　この様子を見ていた女神ヘーラは、ヘラクレスを相手によくぞ闘ったと、この人喰いライオンを星座にしました。ヘーラ女神はヘラクレスを憎んでいたからです（ヘルクレス座、p52参照）。こうして、しし座が誕生しました。

人喰いライオンと戦うヘラクレス（フランシスコ・デ・スルバラン画）

　その後ヘラクレスは、鋭い人喰いライオンの爪を使って、ライオンの皮を剥ぎました。そして矢も剣も通さない皮を鎧として身体に巻き、頭は兜としてかぶりました。

　ライオンを退治して帰ってきたヘラクレスをネメアの人々は大歓迎しました。手厚いもてなしと称賛を受けたヘラクレスは、意気揚々とティリュンスへと帰って行きました。

　この話を聞いたティリュンスのエウリステウス王は、震え上がりました。ヘラクレスがとんでもない力を持っていることを初めて知ったからです。下手なことを言って機嫌を損ね、殺されてはたまらないと思った王は、鍛冶屋に命じて頑丈な壺を作らせ、ヘラクレスがやってくると聞くとその中へ逃げ込んでしまいました。そして、以後は、ティリュンスの王宮に入ることを許さず、命令は使者を通じてヘラクレスに与えるようになったといいます。

バリットの星図に描かれた しし座

春の星座神話 ★ 29

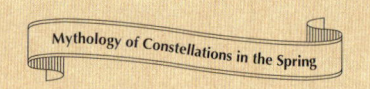

Mythology of Constellations in the Spring

Bootes / Boo

面積907平方度 21時正中 6月中旬

全天で4番目に明るい星を持つ
うしかい座

Coma Berenices / Com

面積386平方度 21時正中 5月下旬

星座自体が1つの「星団」
かみのけ座

ボーデの星図に描かれた うしかい座、かみのけ座

　うしかい座はフェニキア国で誕生した星座です。紀元前850年頃のギリシャの大詩人ホメロスの叙事詩イリアスとオデュッセイアにも名前が出てくる由緒正しい星座です。トレミーの48星座の1つでもあります。

　かみのけ座は、暗い星が不規則な形に集まった星座で、空の暗いところでないと見つけるのは難しいでしょう。星座の起源は、ギリシャ時代までさかのぼることができますが、トレミーの48星座には含まれていません。1602年、天文学者ティコ・ブラーエがカタログに加えるまで、あまり知られていませんでした。

正中した頃のうしかい座

うしかい座
りょうけん座
アークトゥルス
かみのけ座

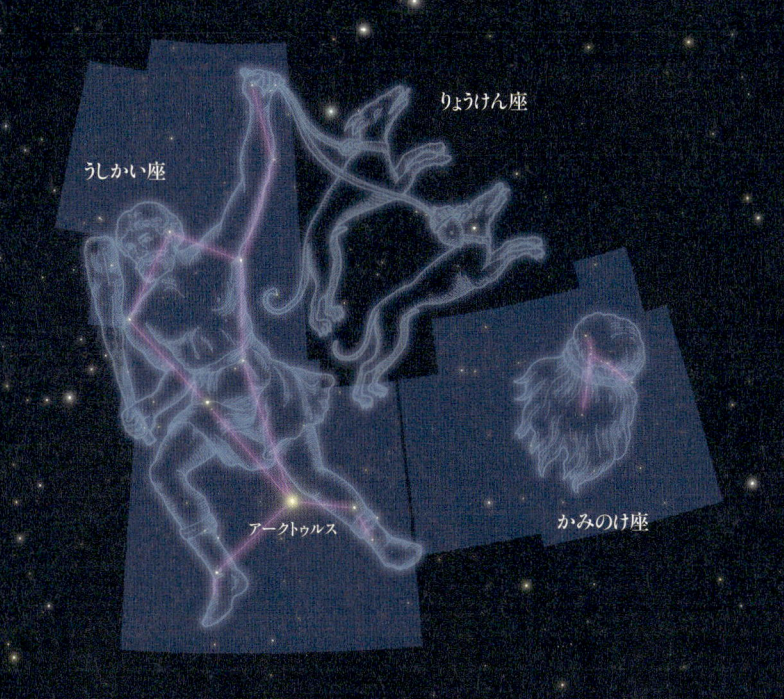

✽ うしかい座／かみのけ座の探し方

　全天で4番目の明るさを持ち、春の夜空で最も明るく輝くオレンジ色の星アークトゥルスがうしかい座の目印です。ここからネクタイの形に星が並ぶところがうしかい座になります。
　アークトゥルスとしし座のしっぽの星デネボラ、おとめ座の1等星スピカを結んでできる「春の大三角」の北の辺の中央付近にいくつもの星が集まっているところが、かみのけ座です。

星座図の向きに見える時期
- ★ 3月中旬 ……………… 3時
- ★ 4月中旬 ……………… 1時
- ★ 5月中旬 ……………… 23時
- ★ 6月中旬 ……………… 21時

※ かみのけ座ものがたり

ベレニケの髪の毛

　古代エジプト王妃ベレニケはたいへん美しい髪の持ち主で、その評判は近隣諸国にとどろいていました。

　ある時、エジプトと強国アッシリアの間で戦争が起こり、若い国王は先頭に立って出陣しました。戦場にいる国王のことを思うと、王妃は心配で心配で夜も眠れませんでした。

　そんなある日、戦場からの使者が戻り、戦いの様子をつぶさに報告しましたが、それは、エジプト軍が敵軍に負け、王が敵に捕らえられてしまったという恐ろしいものでした。驚いた王妃は、女神イシスの神殿に駆け込みました。

「イシスの神よ、どうか、私の願いをお聞き届けください。王と我がエジプト軍をお助けください。もし、私の願いを聞き届けてくださいますなら、女神のために何でもいたします」

　神殿にこもって祈り続ける王妃の前に女神イシスが姿を現しました。

「おまえの願いを聞き届けよう。エジプトは勝利を得、国王は無事に戻ってくるであろう。その時、おまえは命より大切な、その髪を私に捧げよ」

　やがて、エジプト軍の勝利と王が凱旋し

ヘベリウスの星図に描かれた　うしかい座、かみのけ座

てくるとの知らせが王妃のもとへ届き、王妃は約束通り髪を切って、イシス女神に捧げました。戦から帰ってきた王は、自慢の妃の髪がばっさり切られているのを見て烈火のごとく怒りましたが、大臣たちから理由を聞き、王妃の愛に心打たれました。

その時、天文博士が飛んできて、空に新しい星座が輝き始めたと告げました。それは、イシス女神がベレニケの心に感動し、彼女の髪を星座に上げたものでした。

イタリアのファルネーゼ宮殿のフレスコ画に描かれたうしかい座

うしかい座ものがたり

狩人アルカスと熊のカリスト

ギリシャの神々の王ゼウスは、美しい森のニンフのカリストと愛し合い、2人の間には息子のアルカスが生まれました。しかし、ゼウス神の妃ヘーラ女神の呪いで、カリストは醜い熊の姿に変えられてしまいました（おおぐま座、p21参照）。自分の運命を嘆き悲しんだカリストは、森の奥深くへと姿を隠し、その息子アルカスは、親切なニンフのマイヤに拾われて、すくすくと育ちました。

そして、約20年の歳月が経ち、今やアルカスは立派な狩人に成長していました。ある日、アルカスは、友人の狩人とはぐれ、1人、深い森の中に迷い込んでしまいました。そして運命の糸に導かれ、大きな熊にばったりと出くわしたのです。それこそ、母カリストの変わり果てた姿でした。カリストは、その若い狩人が自分の息子だとすぐに分かりました。彼女は愛おしさのあまり、アルカスを抱きしめようとしました。しかし、アルカスは、母が熊にされていようとは夢にも思いません。ただ大きな熊が襲いかかってくるようにしか見えませんでした。驚いて弓に矢をつがえ、今にも熊を殺そうとしました。

天からそれを見ていたゼウス神は、息子に母親を殺させることはできぬと、アルカスも熊に変え、母子の熊を、空へ上げて星座にしました。これが、おおぐま座とこぐま座です。さらに、狩人アルカスの姿はうしかい座にもなったと伝えられています。

しかし、それを知った女神ヘーラは、腹の虫がおさまりません。海の神オケアノスのところへ出かけていって「どうか、母子の星座だけは海の下に入って休息をとることができないようにしておくれ」と頼みました。それから、おおぐま座とこぐま座は、一年中休むことなく北の空に輝き続けるようになったといいます。

春の星座神話 ★ 33

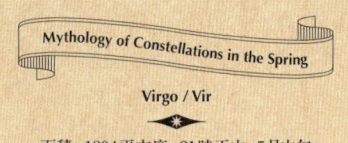

Mythology of Constellations in the Spring

Virgo / Vir

面積 1294平方度 21時正中 5月中旬

全天で2番目の大きさを持つ星座
おとめ座

ボーデの星図に描かれた おとめ座

　紀元前3200年頃、麦の穂の星座として登場しており、後に、女神が麦の穂を持つ姿に変わりました。トレミーの48星座の1つで、黄道12星座の1つでもあります。

　3個しかない春の1等星の中で、最も南に位置する純白の星スピカがおとめ座の目印です。スピカが真南の空に輝く頃、うしかい座の1等星アークトゥルスが頭上高く輝き、2つの星は1対で「夫婦星」とも呼ばれます。

正中した頃のおとめ座

アークトゥルス

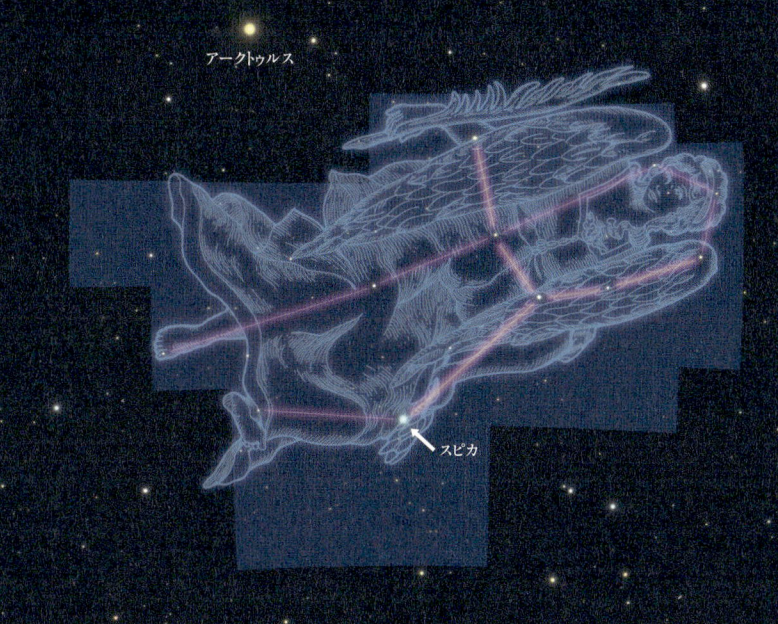

スピカ

✺ おとめ座の探し方

　春の南の空で明るく輝く純白の1等星が、おとめ座のスピカです。ここからYの字に結んだ星の並びがおとめ座の目印です。右手に羽根、左手に麦の穂を持つ姿になっていますが、羽は古代ギリシャやエジプトでは正義の象徴、麦の穂は農業の象徴であったことから、おとめ座が正義の女神と農業の女神の姿を併せ持っていたことをうかがわせます。

星座図の向きに見える時期
★ 2月上旬 ……… 3時
★ 3月中旬 ……… 1時
★ 4月中旬 ……… 23時
★ 5月中旬 ……… 21時

✳︎ おとめ座ものがたり

悲しみの女神
デーメーテール

　農業の女神デーメーテールと大神ゼウスの間には、1人娘ペルセフォネーがいました。ある日、彼女が仲良しの少女達と花を摘んでいると、少し離れたところに、1本のたいへん美しい花が咲いているのが見えました。周りを見回すと、友人達は花を摘むのに一生懸命で、誰も、その花に気づいていない様子です。そっと近づいてみると、たいへんよい香りがしていました。

　ペルセフォネーがその花を摘もうとした瞬間です。大地がぱっくりと口を開け、中から真っ黒な戦車が飛び出してきたかと思うと、戦車に乗った青白い顔の男があっという間に彼女をさらって、再び大地の中へと姿を消してしまいました。ペルセフォネーの悲鳴を聞いて、友達が顔を上げたときには、大地はすでに元に戻っており、ペルセフォネーの姿だけがどこにも見当たりませんでした。

　娘がいなくなったことを知った農業の女神は、世界中を探して回りました。人に会うたびに、また道ばたの石や草にまで娘の行方を尋ねましたが、誰も知りません。ある時、物知りのヘカテが「太陽の神なら地上のことはすべて見ているんじゃないかい」と教えてくれました。事実、太陽の神ヘリオスは知っ

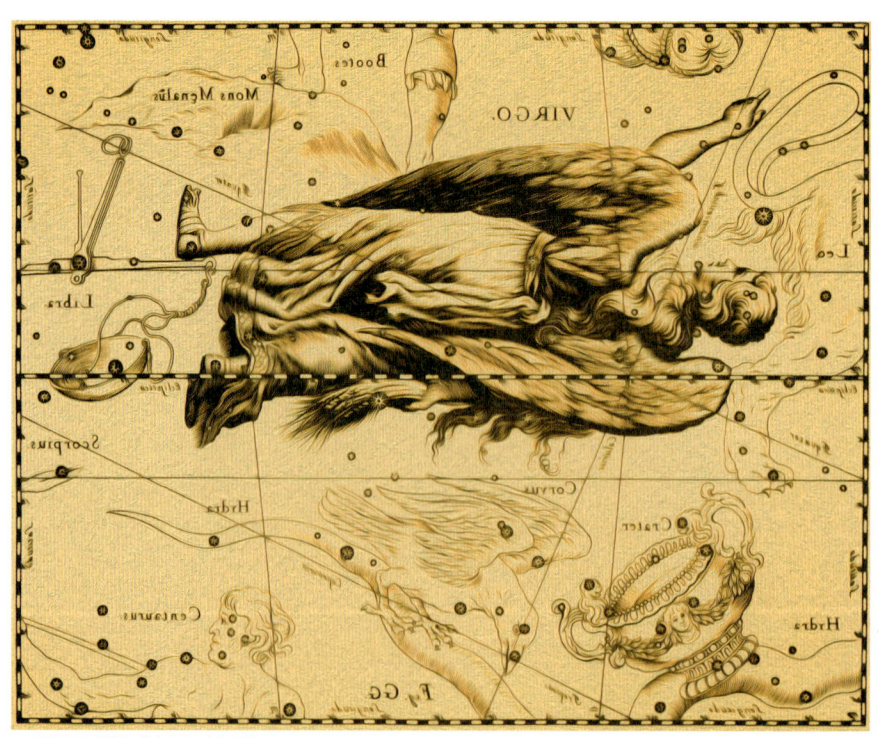

ヘベリウスの星図に描かれた　おとめ座

ていました。

「ペルセフォネーは、冥界の王ハデス神が自分の妻にするためにさらっていったよ」と、気の毒そうに教えてくれたのです。デーメーテール女神の悲しみは、怒りに変わりました。ハデス神に、ペルセフォネーをさらって行くことを許したのは、ペルセフォネーの父親であり、ハデス神の弟であるゼウス神に違いないと考えたからです。

デーメーテール女神は、神々の国を去ると地上に降り、神殿にこもって、誰とも会わず、口をきかなくなってしまいました。農業の女神デーメーテールが悲しみに心を閉ざしてしまったため、世界中の草花は枯れ、木々は実をつけなくなってしまいました。

「デーメーテール女神の悲しみを少しでも和らげないと、あらゆるものが死んでしまう」恐れたゼウス神は、兄にペルセフォネーを母親に返すよう訴えました。

ハデス神は渋々承知したものの、策略を巡らし、地上へ帰るペルセフォネーにざくろの実を与えました。冥界の食物を食べた者は、冥界から出られないのが掟です。そんなこととは知らないペルセフォネーはざくろの実を4粒食べてしまいました。

帰ってきた娘を見て、農業の女神の心は解け、新しい緑の芽が、大地に顔を出し始めました。しかし、次の瞬間、女神の心は再び凍りついたのです。ペルセフォネーが死者の国の食べ物を口にしたことを知ったからです。

ゼウス神が、ハデス神とデーメーテール女神の仲介に入りました。ペルセフォネーは、食べたザクロの実の数の4ヶ月間を冥界で暮らすことになったのです。嘆き悲しむデーメーテール女神をペルセフォネーが優しく慰めました。

「お母様、悲しまないで。ハデス神は、私にとても優しくしてくれます。それに、会えないのは4ヶ月間だけ。4ヶ月すれば、また、お母様と一緒に暮らせるのですから」

娘と離れて暮らす4ヶ月の間、農業の女神は悲しみに沈み、植物は枯れて、地上には冬が訪れるようになりました。しかし、その期間が過ぎ、ペルセフォネーが地上に帰ってくると、デーメーテール女神は喜び、草木が芽を出し、地上は春を迎えるようになったのです。

おとめ座は、この農業の女神デーメーテールの姿だといわれています。

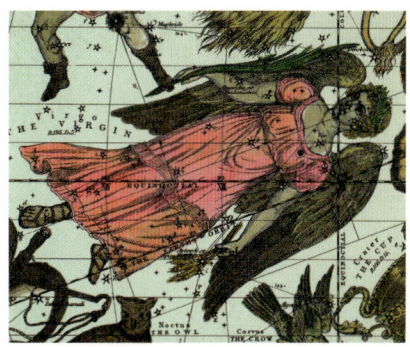

バリットの星図に描かれた おとめ座

エレウシスで発見されたレリーフに描かれたデーメーテールとペルセフォネー

春の星座神話 ★ 37

Mythology of Constellations in the Spring

Hydra / Hya

面積1303平方度　21時正中　5月中旬

全天88星座の中で最も大きな星座
うみへび座

Corvus / Crv

面積184平方度　21時正中　5月上旬

台形に星が列んだ小さな星座
からす座

Crater / Crt

面積282平方度　21時正中　4月下旬

うみへび座の中央に隣接する星座
コップ座

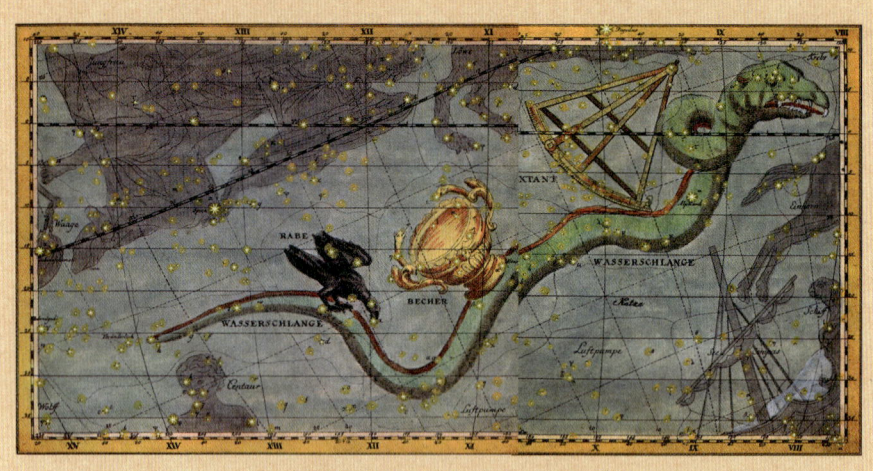

ボーデの星図に描かれた　うみへび座、からす座、コップ座

　うみへび座は全天88星座の中で最も大きな星座です。東西に長く、頭の先が地平線上に姿を見せてから、しっぽの先が昇りきるまでに、なんと6時間もかかります。星座の起源は古く、紀元前3200年頃にはすでに知られていました。からす座、コップ座と共に、トレミーの48星座の1つです。

　からす座は紀元前1900年頃には誕生していました。小さな星座で、4等級の比較的暗い星ばかりですが、付近には星が少なく、目立ちます。

　コップ座はフェニキアで誕生した星座です。

正中した頃のうみへび座

画像ラベル: からす座、コップ座、うみへび座、コルヒドレ

❄ うみへび座／からす座／コップ座の探し方

　かに座、しし座、おとめ座の南を通り、てんびん座の近くまで星がうねうね続くところがうみへび座です。うみへびの心臓に輝く2等星コルヒドレ（別名：アルファルド）は2等星ながら赤く輝き目を引きます。
　からす座、コップ座はうみへびの胴体の上に位置する小さな星座で、整った形をしているのですぐに分かります。

星座図の向きに見える時期
- ★ 1月上旬 ……… 3時
- ★ 2月中旬 ……… 1時
- ★ 3月中旬 ……… 23時
- ★ 4月中旬 ……… 21時

春の星座神話 ★ 39

✳ うみへび座ものがたり

9つの頭を持つ
怪物ヒドラ

　ヘラクレスが行った12の大冒険のうち第2番目がアミモーネの沼に住む怪物ヒドラ退治です。ヘラクレスは甥のイオラーオスが操る戦車に乗って、アミモーネの沼までやってきました。見れば、沼の周囲には、水を飲みにきてヒドラの毒にやられた動物たちの死骸があちらこちらに横たわっていました。しかし、肝心のヒドラの姿はどこにも見あたりません。その時、女神アテナがヘラクレスにヒドラの隠れ家を、そっと教えてくれました。女神の示した洞窟の奥からは、確かに、「シュウ、シュウ」と音が聞こえてきます。ヘラクレスが火のついた矢を洞窟の奥深くに打ち込むと、眠りを妨げられ、怒ったヒドラが洞窟から出てきました。ヒドラは、9つの頭を持ち、大きさは人間の20倍もある巨大なへびでした。ヒドラは、すばやくヘラクレスの両足にからみつき、ヘラクレスを大地に倒すと、顔に毒ガスを吹きかけてきました。「そんな毒ガスのことくらい先刻から承知の上だ!」

　ヘラクレスは息を止め、こん棒でヒドラの頭をさんざん殴りつけました。これには、さすがのヒドラもひるみ、ヘラクレスの足を放してしまいました。

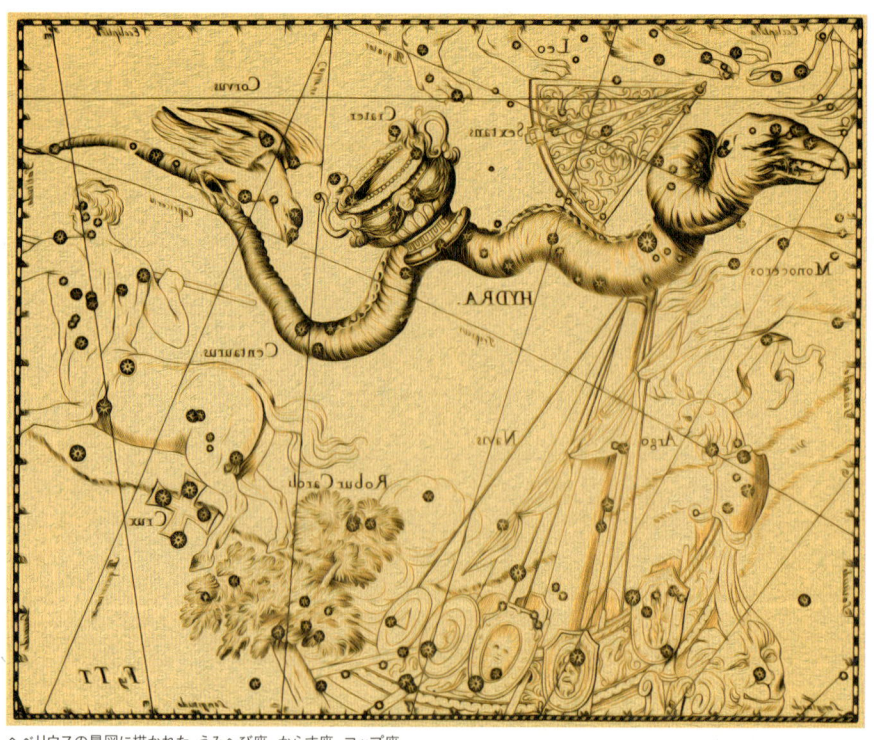

ヘベリウスの星図に描かれた うみへび座、からす座、コップ座

その時、沼から巨大な化けガニがとびだしてきて、ヘラクレスの足をはさみで挟みました。ヘラクレスは、こん棒を振り上げると一撃で化けガニを砕いてしまいました。

その間に体勢を立て直したヒドラは、9つの頭から一斉に毒ガスを吐きながら攻撃してきました。ヘラクレスは、剣を抜いて、ヒドラに切りかかりました。

ヘラクレスが、ヒドラの頭を切り落とすと、なんと、その切り口からはすぐに新しい次の頭が生えてきたではありませんか。別の頭を切り落とすと、また新しい頭が、別のを切ると、これまた新しい頭が…。これでは、いくら戦っても仕留めることができません。

一計を案じたヘラクレスは、甥のイオラーオスを呼んで言いました。

「急いでたいまつに火をつけるんだ。そして、私がヒドラの首を切り落としたら、その切り口を焼いてくれ」

ヘラクレスの予想通り、焼かれた首からは2度と新しい頭は生えてきませんでした。ついに、最後の首、9番目の首だけが残りましたが、これが、いくら切りつけても、傷1つつけることができない不死身の首でした。そこで、ヘラクレスは山のような大岩を抱え上げると、ヒドラめがけて投げつけ、岩の下に閉じ込めてしまったのです。

その戦いぶりを見ていたヘーラ女神は、よく戦ったと、ヒドラを空に上げて星座にしてやりました。それがうみへび座だといいます。

※ コップ座・からす座ものがたり
悲しい思い出の杯

2つとも小さな星座ですが、古くから存在し、共にギリシャ神話が伝えられています。

コップ座は、酒の神ディオニュッソス、音楽の神アポロン、王女メディアの杯など、さまざまな伝説が伝えられていますが、ここではディオニュッソス神の物語をご紹介します。

酒の神ディオニュッソスがアテネに立ち寄ったとき、アテネの王イカリオスにとても丁重にもてなされました。喜んだディオニュッソス神はイカリオスに秘伝の美酒の作り方を教え、杯を与えました。

王は早速、伝授されたばかりの酒を造って国民に振る舞いました。しかし、初めて酒を飲んで酔っぱらった国民は毒を飲まされたと誤解してしまいました。そしてみんなで王を殺してしまったのです。それを知ったディオニュッソス神は悲しみ、王の思い出にと、王に与えた杯を星座にしたのだそうです。

からす座については、へびつかい座のページ（P60）をご覧ください。

ヒドラを退治するヘラクレス（Gustave Moreau画）

春の大三角を中心にした春の星座。上には北斗七星、右にしし座、左にうしかい座、中央付近にはかみのけ座、おとめ座がわかる。

Mythology of Constellations in the Summer

夏の
星座神話

夏の星座の多くは明るい天の川に沿って輝き、探しやすい形のものばかりです。しかし、そこには人生の悲哀に満ちた物語が伝わっています。

✲ 夏の星座

　夏の宵、南の地平線から東の空高くを通り北の地平線へと夏の天の川が輝きます。残念ながら、都会の明るい空のもとでは天の川を見ることは不可能ですが、郊外の暗い空なら、まるで白い帯状の雲のようにはっきりと見えます。主な夏の星座は、この天の川に沿って位置しています。

　天の川の西岸、南の低い空に赤く輝く1等星は、さそり座のアンタレスです。この星をはさんで星が巨大なS字形に並んでいるところがさそり座です。その左どなり、天の川の東岸に6個の星が小さなひしゃくの形に並んでいるところは「南斗六星」と呼ばれ、いて座の目印となっています。また逆に、さそり座の右どなり、星が「く」の字を裏返した形に並ぶところがてんびん座です。

　さそり座の上には、星が巨大な五角形を形作っています。これがへびつかい座で、その左右に星

同じような空が見える時期
★3月中旬 ……… 5時頃（薄明）
★4月中旬 ……… 3時頃
★5月中旬 ……… 1時頃
★6月中旬 ……… 23時頃
★7月中旬 ……… 21時頃
（北緯35°付近）

が点々と連なってへび座を形作っています。

　へびつかい座の上で、星が台形を2つ並べた形に並んでいるところがヘルクレス座、その右となり、星が半円形に並んでいるところがかんむり座です。

　そして、空高く、明るい3つの星が二等辺三角形を形作っているところが「夏の大三角」です。1番明るい星がこと座のベガ、2番目がわし座のアルタイル、3番目がはくちょう座のデネブで、それぞれの星座の目印となっています。また3つの星はそれぞれ、七夕の織姫星、彦星、カササギの星でもあります。わし座の東となりにはいるか座があります。

　この図からは外れていますが、北の空では、北極星を持つこぐま座やその周りを取り巻くりゅう座が北の空高く昇り最も見やすい時期です。

夏の星座神話 ✦ 45

Mythology of Constellations in the Summer

Draco / Dra

面積 1083平方度 21時正中 7月中旬

北極星の周りを180°取り巻く星座
りゅう座

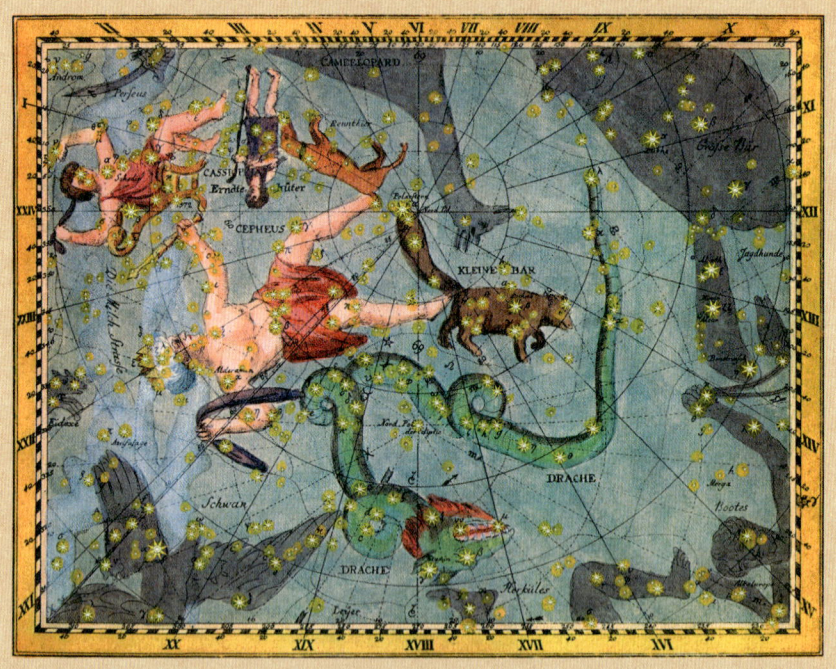

ボーデの星図に描かれた りゅう座

　フェニキアでへび座と呼ばれていたものがギリシャに伝わって、りゅう座となりました。トレミーの48星座の1つです。

　りゅう座は天の北極に近いところに位置し、明るい星の少ない星座ですが、4つの星が小さな台形に並ぶ頭部を見つければ、胴体を形作る星をたどるのは簡単です。ほぼ1年中その姿を見ることができますが、竜の頭部はこと座の近くにあり、夏が最も見やすい季節といえます。

正中した頃のりゅう座

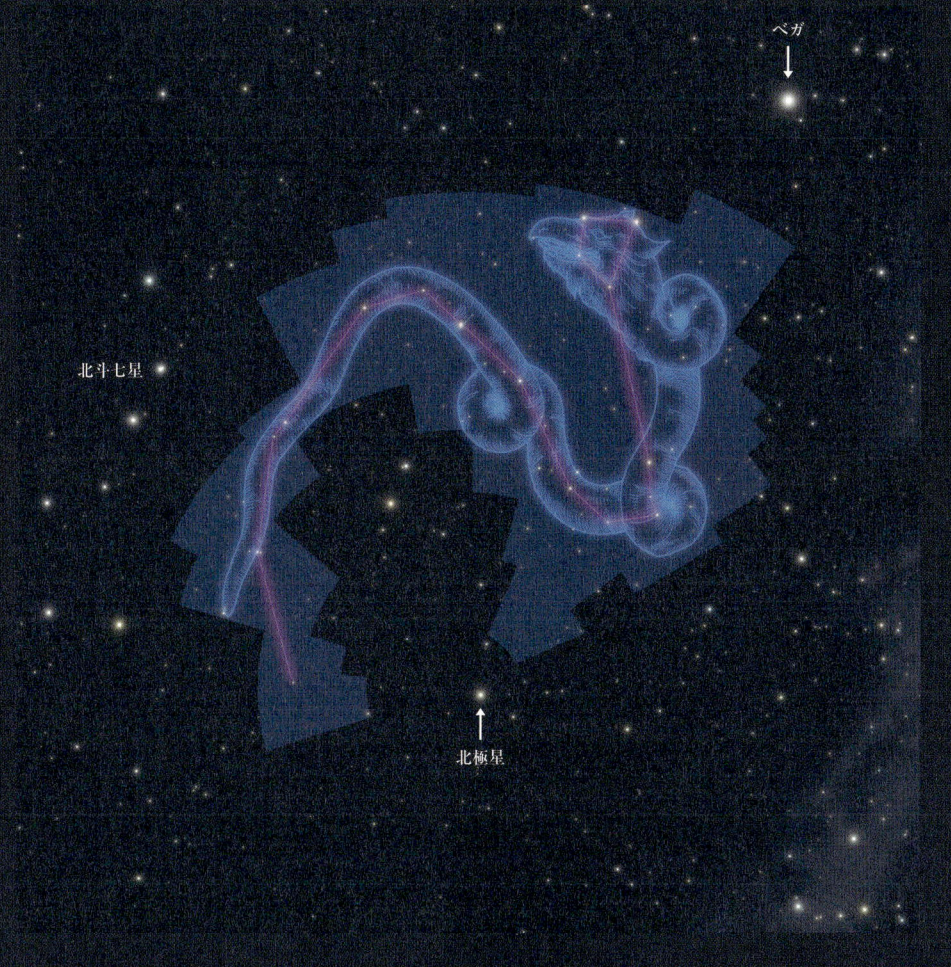

ベガ

北斗七星

北極星

✺ りゅう座の探し方

　北極星の周りを180°にもわたって取り巻く星座です。その1部は、ほぼ1年中見ることができます。

　北極星とこと座を結んだ線上の1/3ほど北極星よりのところにりゅう座の頭部があります。ここから竜は一度ケフェウス座の方向に向かいますが、途中で身をくねらせて、北極星の周りをぐるりと回り、尾の先は北斗七星の先まで達します。

星座図の向きに見える時期
- ★ 4月中旬 ……………… 3時
- ★ 5月中旬 ……………… 1時
- ★ 6月中旬 ……………… 23時
- ★ 7月中旬 ……………… 21時

夏の星座神話 ✦ 47

※ りゅう座ものがたり

守り竜ラドンの功績

　ヘラクレスは、ティリュンスの王エウリステウスの命令で12の大冒険を行いましたが、その11番目が、黄金のリンゴを持ってくることでした。

　このリンゴは、大地の女神ガイアが、結婚のお祝いとしてヘーラ女神に贈ったものでした。女神はその贈り物がとても気に入って、秘境ヘスペリデスの園に植え、木の世話を巨人アトラスの娘達に命じ、リンゴの番人をラドンに命じました。ラドンは、百の頭を持った竜です。

　さて、ヘラクレスは、リンゴを持ってくるように命令されたものの、ヘスペリデスの園がどこにあるのか見当さえつきません。探しあぐねていると、ニンフたちに出会いました。
　「プロメテウスならきっと知っているわ。聞いてご覧なさい」と、親切なニンフたちは、プロメテウスの居所も教えてくれました。
　プロメテウスは世界の東の果てにあるコーカサスの山に鎖でつながれていました。1羽の鷲が毎日やってきて、プロメテウスの肝臓をつつきますが、不死身のプロメテウスは次の日には元通りの体に戻ってしまい、毎日毎日終わることのない苦しみに耐え続けていたのです。これは、プロメテウスが未開の人類に火を与え、知恵を与えたため、怒った

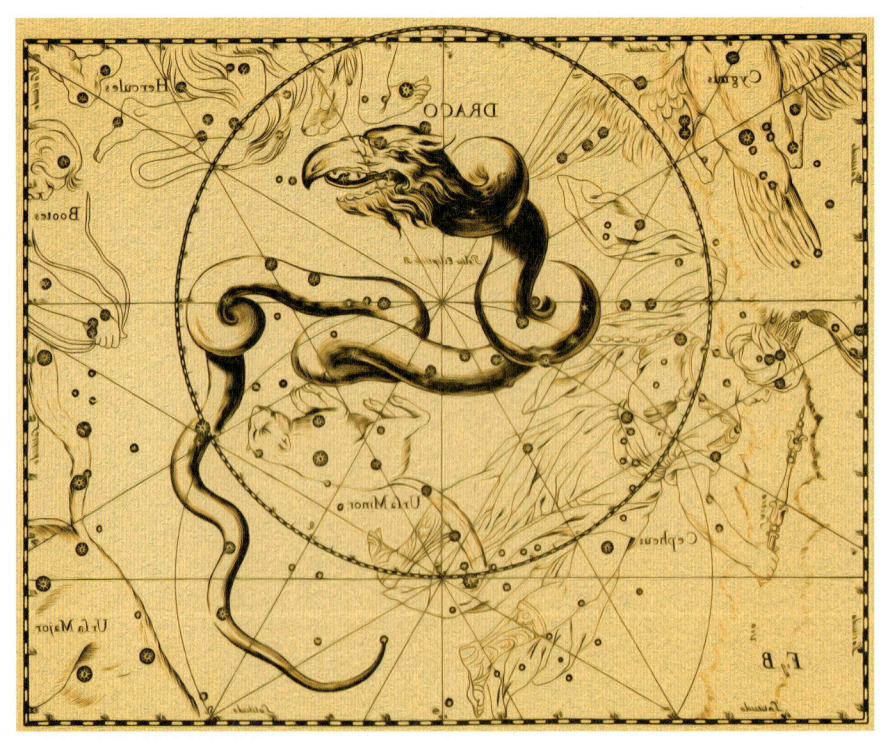

ヘベリウスの星図に描かれた　りゅう座

大神ゼウスがプロメテウスに与えた罰でした。

　ヘラクレスは気の毒に思い、やってきた鷲を殺し、プロメテウスの鎖を解いてやりました。プロメテウスが喜んでリンゴのことを教えてくれたのはいうまでもありません。

「人間はヘスペリデスへ行くことはできない。だから、まず、世界の西の果てへ行け。私の兄弟のアトラスが一番高い山の上で天を支えている。アトラスの娘たちはリンゴの木の世話をしているので、アトラスにリンゴを持ってきてもらうがいい」

　賢者プロメテウスに教えられたヘラクレスは、何度も危ない目に遭いながらも、とうとうアトラスのもとへたどり着きました。そして、プロメテウスのこと、リンゴを採ってきてほしい旨をアトラスに話をしました。

「しかし、あそこにはラドンという恐ろしい竜がいる…」とアトラスは尻込みをします。ヘラクレスが遥か山の彼方を見ると、金のリンゴの木に1匹の大きな竜が巻きついているのが見えました。ヘラクレスは、弓に矢をつがえると慎重に狙いを定めて、矢を放ちました。矢は見事にラドンに命中し、ラドンはあっけなく死んでしまいました。それもそのはず、ヘラクレスの矢には、猛毒のヒドラの血が塗られていたのです。

　これを見たアトラスは、ヘラクレスに言いました。

「では娘達に訳を話してリンゴをもらってこよう。だが、その間、天を支えていてくれないか？」

　怪力には自信のあるヘラクレスでした。しかし、アトラスから受け取った天の重さは想像以上で、ヘラクレスは背中が曲がり、足は大地に深くめり込んでしまいました。

　しばらくすると、アトラスは首尾良くリンゴをもらってきてくれました。ヘラクレスは、アトラスに天を返そうとしますが、アトラスは、ちょっと離れたところに立ったまま「このリンゴは私がエウリステウス王のもとまで届けてやるよ。戻ってくるまで天を担いでいてくれ」と言いだしました。ヘラクレスにこのままずーっと天を担がせておこうと考えていたのです。それに気づいたヘラクレスは「じゃあ、お願いするよ。でも、その前にちょっと体勢を直したいんだが」と言うと、人の良いアトラスは、ヘラクレスから天を受け取ってしまいました。

「やっぱり、天はあなたに任せて、リンゴは私が王のところへ持って行くよ」

　ヘラクレスはそう言うと、一目散に山を下りました。こうして、ヘラクレスは、無事に11番目の命令を成し遂げました。

　ヘラクレスに殺された竜は、長い間リンゴを守っていた功績により、ヘラ女神によって星座になりました。これがりゅう座です。

天を担ぐヘラクレス　16世紀に活躍したハインリッヒ・アルデグレーヴァーによる線画を元に着彩した画

Mythology of Constellations in the Summer

Hercules / Her

面積1225平方度 21時正中 7月下旬

空高く逆さに昇るギリシャの英雄
ヘルクレス座

Corona Borealis / CrB

面積179平方度 21時正中 7月上旬

半円形の星の並びが美しい星座
かんむり座

ボーデの星図に描かれた ヘルクレス座、かんむり座

　ヘルクレス座は、紀元前4000年頃のシュメール時代には「鎖でつながれた神様」の姿の星座でしたが、ギリシャに伝わって、英雄ヘラクレスの姿となりました。逆さまで、あまり強そうには見えませんが、春の星座のかに座、しし座、うみへび座、夏のりゅう座となった怪物達すべてを退治した強者です。

　ヘルクレス座、かんむり座ともにトレミーの48星座の1つです。

　かんむり座も紀元前3200年頃にはすでに誕生していた、たいへん古い星座です。小さく、ほとんどの星が4等星と暗いわりによく目立ちます。

正中した頃のヘルクレス座、かんむり座

ベガ
かんむり座
ヘルクレス座

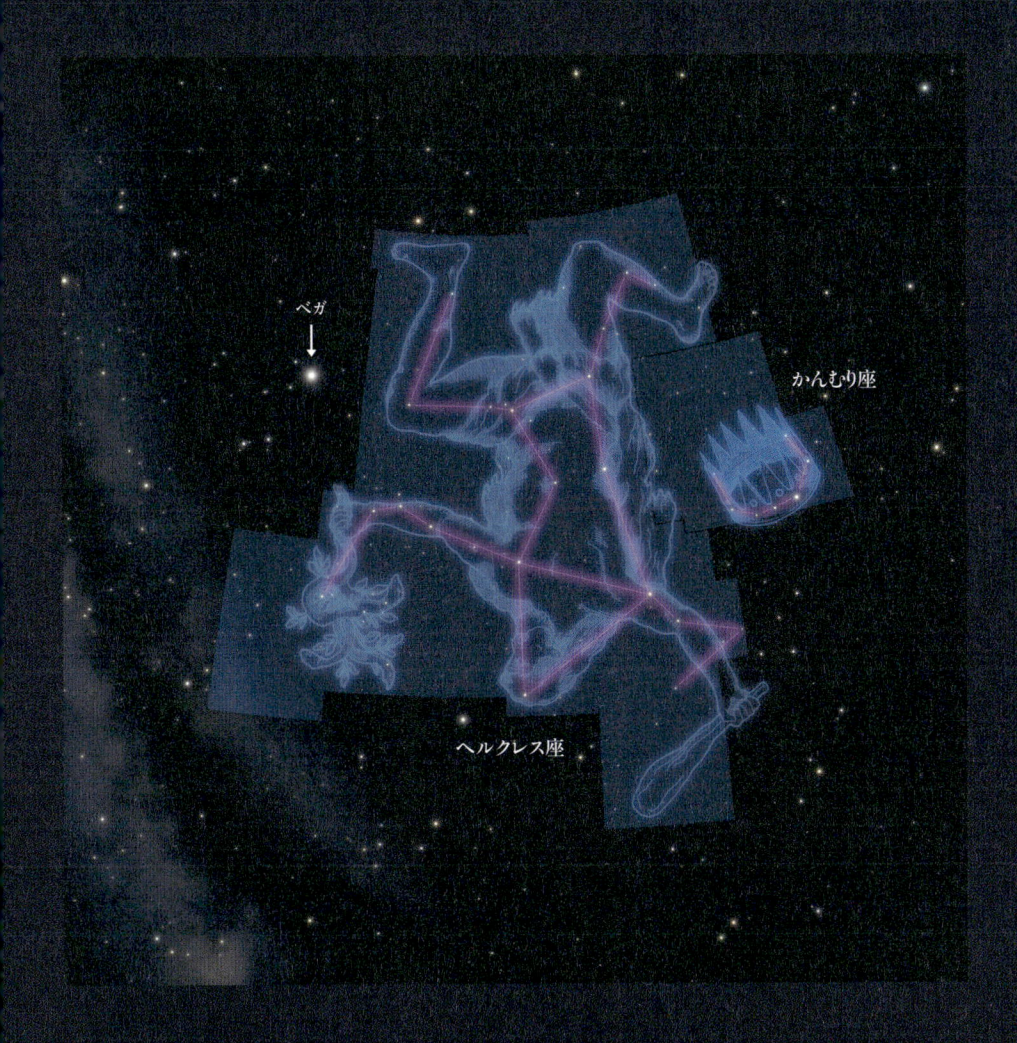

❄ ヘルクレス座／かんむり座の探し方

　台形を2つつないだような形、あるいは楽器の鼓のような形に星が並んでいるのが、ヘルクレス座の目印です。逆さまの英雄の姿で、右手には棍棒を振りかざし、左手にヘビをつかんだ姿となっています。
　ヘルクレス座とうしかい座の間、星が半円形に並んでいるのがかんむり座です。整った形の星座で、目立ちます。

星座図の向きに見える時期
(ヘルクレス座正中)

- ★ 4月下旬 ………… 3時
- ★ 5月下旬 ………… 1時
- ★ 6月下旬 ………… 23時
- ★ 7月下旬 ………… 21時

夏の星座神話 ★ 51

✳ ヘルクレス座ものがたり

ギリシャ1番の英雄

　ヘラクレスは、大神ゼウスとアルゴスの王女アルクメネーの間に生まれました。ゼウス神の正妃ヘーラ女神は嫉妬し、生まれて間もないヘラクレスのゆりかごにヘビを忍び込ませましたが、ヘラクレスは、それを簡単に両手で絞め殺してしまったといいます。

　やがて成人したヘラクレスはテーベの王女と結婚し、幸せな日々を過ごしていました。しかし、女神ヘーラの呪いが幸せを粉みじんに打ち砕きました。突然、ヘラクレスは錯乱し、妻と子ども達を皆殺しにしたのです。正気に返ったヘラクレスは自殺を図りましたが、従兄弟に止められ、ゼウス神の審判を

地獄の番犬ケルベロスを連れ戻したヘラクレスにおびえる王

仰ぐことになりました。ゼウス神は、この大罪を償うため、エウリステウス王に12年間仕えることを命じました。そして、以下に示した12の大冒険を行うこととなったのです。ただし、ゼウス神の命令で、ヘルメス神、アポロン神、ヘーパイストス神、アテナ女神、ポセイドン神が武器や馬車、鎧などをヘラクレスのために用意してくれました。

1：ネメアの人喰いライオン退治
2：アミモーネの沼の怪物ヒドラ退治
3：ケリュネイアの魔の鹿の生け捕り
4：エリュマントス山の巨大猪を捕獲
5：アウゲイアス王の牛小屋掃除
6：スチュンパリデスの森に住む鉄の爪とくちばしを持った怪鳥退治
7：クレタ島の凶暴な牡牛の生け捕り
8：ディオメデスの人喰い馬の退治
9：アマゾンの女王ピッポリテスの帯の強奪
10：エリュティアに住む怪物ゲリュオン退治
11：ヘスペリデスの園の金のリンゴを持ってくる
12：地獄の番犬ケルベロスの生け捕り

　これら難題を出したのはエウリステウス王ですが、この危険きわまりない冒険を思いついて王に入れ知恵したのは、もちろん女

ヒドラと戦うヘラクレス（アントニオ デル ポッライオーロ画）

神ヘーラです。いずれかの怪物の毒牙にかかってヘラクレスが死ぬことを期待したヘーラ女神でしたが、そのもくろみはことごとくはずれ、12年かかって、大冒険を成し遂げ、罪を償い終わった時、英雄ヘラクレスの名はギリシャ中にとどろき渡っていました。

死後、ヘラクレスは、神々の仲間に加えられました。これは、数多い神々の息子達の中で、ヘラクレスただ1人です。女神ヘーラとも和解し、ヘーラ女神の娘で体が光り輝くほどに美しい青春の女神ヘーベを妻として、オリンポスで平和に暮らしたといいます。

✹ かんむり座ものがたり
ディオニュッソスの贈り物

　昔、クレタ島に、ミノタウロスという怪物がいました。クレタの王子をアテネ国民が殺した償いに、9年ごとに7人の若者と乙女がアテネからクレタ島へ送られ、ミノタウロスの餌食とされていました。遠国で育ちアテネに戻ってきた若き王子テセウスはそれを知ると、ミノタウロスを退治しようと考え、自ら生け贄のメンバーに加わりました。クレタ島についたテセウスはクレタの王女アリアドネと恋に落ち、王女の手助けもあって、無事怪物ミノタウロスを退治すると、王女を連れてクレタ島を脱出しました。

　途中、小さな島で休んでいると、テセウスの前にお酒の神様ディオニュッソスが現れました。

　「アリアドネは私の花嫁となる。彼女を残し、おまえは即刻島を立ち去れ！」

　神には逆らえず、傷心のテセウスを乗せた船は、夜の海へと消えて行きました。

　翌朝、アリアドネは、置き去りにされたことを知ると、嘆き悲しんで、断崖から身を投げようとしました。その時、ディオニュッソス神が彼女の前に現れ、優しく慰めて結婚を申し込んだのです。結婚式の当日、新郎は、新婦に美しい冠を贈りました。アリアドネは幸福な一生をおくり、彼女の死後、ディオニュッソス神は永遠の愛を込めて、その冠を星座にしたのだといいます。

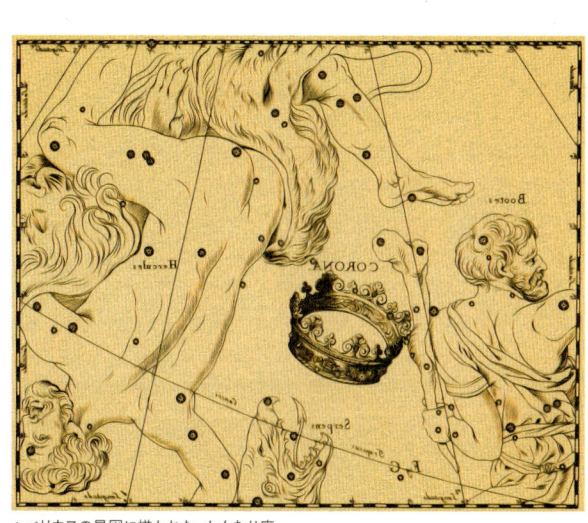

ヘベリウスの星図に描かれた　かんむり座

夏の星座神話 ✦ 53

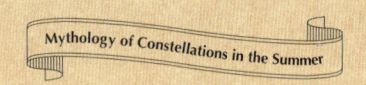

Mythology of Constellations in the Summer

Lyra / Lyr

面積286平方度 21時正中 8月中旬

空高く輝く輝星ベガが目印
こと座

Cygnus / Cyg

面積804平方度 21時正中 9月上旬

天の川と重なる巨大な十字形
はくちょう座

ボーデの星図に描かれた こと座、はくちょう座

　こと座は紀元前1200年頃のフェニキアではすでに誕生していた星座です。トレミーの48星座の1つで、古代の楽器「竪琴」の姿を現しています。
　1等星ベガは、夏の夜空では最も明るく輝き、昔から人々に親しまれてきました。日本では七夕の「織り姫星」、北欧では「夏の夜の女王」とも呼ばれます。
　はくちょう座は、紀元前1200年頃のフェニキアや紀元前300年頃のギリシャでは鳥座として知られていました。トレミーの48星座の1つです。空の条件のよい場所なら星座全体が夏の天の川の中に浸っているのが分かります。

正中した頃のはくちょう座、こと座

デネブ

ベガ

はくちょう座

こと座

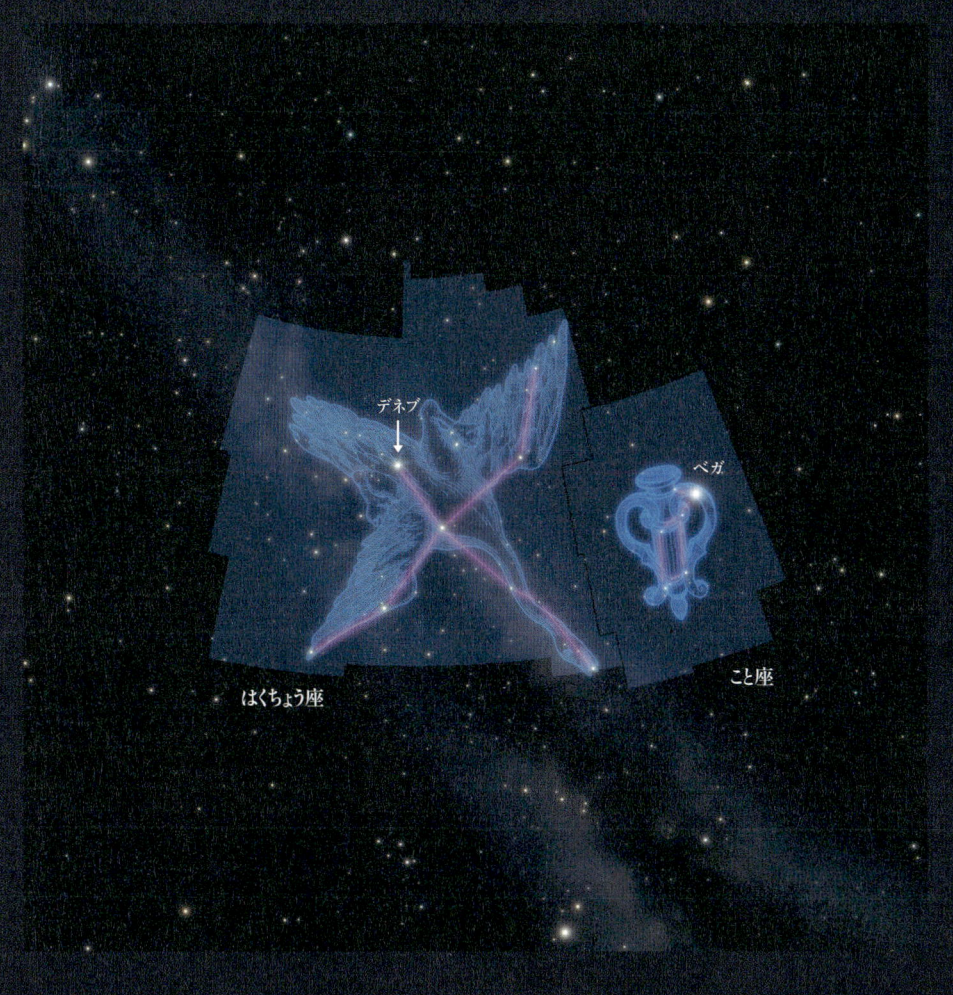

✴ こと座／はくちょう座の探し方

夏の宵の頃、天高く輝く3個の明るい星が目を引きますが、これは「夏の大三角」と呼ばれています。3つの星の中で最も明るいのがこと座のベガです。ここから小さな平行四辺形の形に星が並んでいるのがこと座で、古代ギリシャで流行した楽器 - 竪琴の姿をしています。

また、3星の中では最も暗い星デネブを先頭に、星が大きな十字の形に並ぶのがはくちょう座です。

星座図の向きに見える時期
（はくちょう座正中）

★ 6月上旬 ………… 3時
★ 7月上旬 ………… 1時
★ 8月上旬 ………… 23時
★ 9月上旬 ………… 21時

夏の星座神話 ★ 55

※ こと座ものがたり

悲しき竪琴の音色

　オルフェウスは、トラキア王と音楽の女神の1人カリオペーの間に生まれました。音楽の神アポロンが彼に竪琴を与え、音楽の女神達が、彼に演奏を教えたので、やがて、ギリシャで一番の詩人で音楽家となりました。彼が竪琴を弾きながら歌うと、人々はもちろんのこと、猛々しい猛獣や足元の雑草でさえその音色に聞き入ったといいます。

　オルフェウスは、美しいニンフのエウリディケと結婚しましたが、ある時、エウリディケが突然の事故で死んでしまいました。嘆き悲しんだオルフェウスは、どうしても彼女をあきらめられず、妻を取り戻そうと決心し、死者の国へと旅立ったのです。

　エウリディケを想う歌を歌い、竪琴を奏でながら進むオルフェウスに、すべてのものが死者の国への道を示してくれました。

　冥界の入り口には地獄の番犬ケルベロスがいて、生きた人間であるオルフェウスが来たのを見て激しく吠え立て、かみ殺そうと襲いかかってきました。オルフェウスはひるまず、竪琴をとって歌い始めました。するとどうでしょう。ケルベロスは猫のようにおとなしくなり、オルフェウスを通してくれたのです。

　三途の川に着いたオルフェウスは、渡し守カロンに冥界へ渡してくれるように頼みましたが、カロンはとりあってくれません。そこ

仲むつまじいオルフェウスとエウリディケ（コロー画）

で、オルフェウスは竪琴を奏でながら歌い始めました。すると、カロンは、無表情な顔に涙を浮かべて川を渡してくれたのでした。

冥界の王ハデス神の前で、オルフェウスは全身全霊を込めて、エウリディケを想う歌を歌いました。聴いているハデス神の目から生まれて初めての涙が溢れだしました。そして、異例だが、オルフェウスに妻を返そうと約束してくれたのです。

「ただし、冥界を出るまで、後ろを振り返ってはならん！」とハデス神は命じました。

喜び勇んで、地上へ向かうオルフェウス。しかし、後ろからついてきているはずのエウリディケの足音が聞こえません。オルフェウスは、だんだん心配になり、遠くに地上の光が見えた時、疑いの心とうれしさで、つい、後ろを振り返ってしまったのです。

「アッ」

小さな叫び声と共に、エウリディケの姿が煙のように消えて行くのが見えました。

約束を破ったオルフェウスは2度と冥界に近づくことさえできず、後悔と深い悲しみに耐えかね、息絶えてしまいました。

音楽の神アポロンは、オルフェウスを哀れに思い、彼に贈った竪琴を夜空に上げ、こと座にしたのだといいます。

★ はくちょう座ものがたり
ゼウスの化身

チュンダレオスとイーカリオスは、スパルタ国の共同統治王でした。奴隷の数が人口の9割を占めるスパルタでは、2人の王が共同で政治を行うのが習わしでした。しかし、イーカリオスはチュンダレオスと気が合わず、策略をめぐらして、チュンダレオスをスパルタから追放してしまいました。

若いチュンダレオスは、アイトリアのテスティオス王のもとに身を寄せました。そこで、アイトリアの王女レダと恋に落ち、結婚したのです。

このレダに、ある日、大神ゼウスが恋をしました。ゼウス神は、鷲に追われた白鳥を装いレダの懐に飛び込みました。そして、首尾良く、彼女と交わり、レダは、2つのヒアシンス色の卵を産みました。1つの卵からは、カストルとポルックス兄弟（ふたご座、p124参照）が、もう1つの卵からは、後にミケーネ王妃となったクリュタイムネストラとギリシャ中を巻き込んだトロイ戦争の原因となった絶世の美女ヘレネーが生まれました。

この時のゼウス神の姿が星座となったのがはくちょう座だといいます。

白鳥に変身したゼウスとレダ（ロンドン、アルバート美術館蔵）

夏の星座神話 ★ 57

Mythology of Constellations in the Summer

Ophiuchus / Oph	Serpens / Ser
面積948平方度 21時正中 7月下旬	面積428平方度 21時正中 7月上旬（頭部） 面積208平方度 21時正中 8月下旬（尾部）
さそりを踏みつけ、へびを持つ名医	へびつかい座によって二分された星座
# へびつかい座	# へび座

ボーデの星図に描かれた へび座、へびつかい座

　へびつかい座とへび座は一体の星座として、古代バビロニア時代には怪獣と竜の星座でした。それがフェニキアに伝わって蛇を持つ男の星座に変化し、これが、ギリシヤに受け継がれへびつかい座となりました。トレミーの48星座の1つで、この時点では、まだ1つの星座でした。いつ、誰が、へびつかい座とへび座を切り離したのかはっきりしていません。

　へびつかい座は黄道12星座には含まれませんが、実は、太陽の通り道「黄道」上にあり、太陽は、さそり座よりも長い間、へびつかい座に位置します。

正中した頃のへびつかい座、へび座

へびつかい座

へび座(尾)　　　　　　　　　　　へび座(頭)

✸ へびつかい座／へび座の探し方

　さそり座の上、星が大きな将棋の駒の形に並んでいるのが、へびつかい座です。へびつかい座の左右には、へび座の星々が連なります。
　2つの星座は誕生当初1つの星座でしたが古代ギリシャ時代に分けられました。へび座は中央部をへびつかい座によって分断され、2つの部分から構成される唯一の星座です。

星座図の向きに見える時期
(へびつかい座正中)

★ 4月下旬 ………… 3時
★ 5月下旬 ………… 1時
★ 6月下旬 ………… 23時
★ 7月下旬 ………… 21時

夏の星座神話 ★ 59

✹ へびつかい座・へび座ものがたり

名医
アスクレーピオス

　神アポロンは、美しいテッサリアの王女コロニスを妻としていましたが、太陽の神であり、音楽の神であり、予言の神であり、医学の神であるアポロンは、たいへん忙しく、いつも愛する妻と一緒に過ごすわけにはいきません。そこで、コロニスの側にいられない時には、銀色の羽を持ち、人間の言葉を話すカラスに、毎日、コロニスの様子を伝える役目を与えていました。

　ある時、道草をして遅くなったカラスは、コロニスの様子を一刻も早く知りたいとイライラしながら待っていたアポロン神にひどく怒られ、言い訳に、こともあろうか、コロニスが浮気をしていたので、それを報告しようかどうか迷っていて遅くなったと嘘をついたのです。

　怒ったアポロン神はさっそくコロニスのところへ向かいました。深夜というのに、コロニスの家の戸口の前に誰かいます。
「コロニスの恋人にちがいない」
そう思い込んだアポロンは、弓に矢をつがえるが早いか、人影めがけて矢を放ちました。矢はあやまたず、人影に命中しました。どんな奴だろうと、倒れている人影に走りよったアポロン神は、驚きました。それは、なんと、

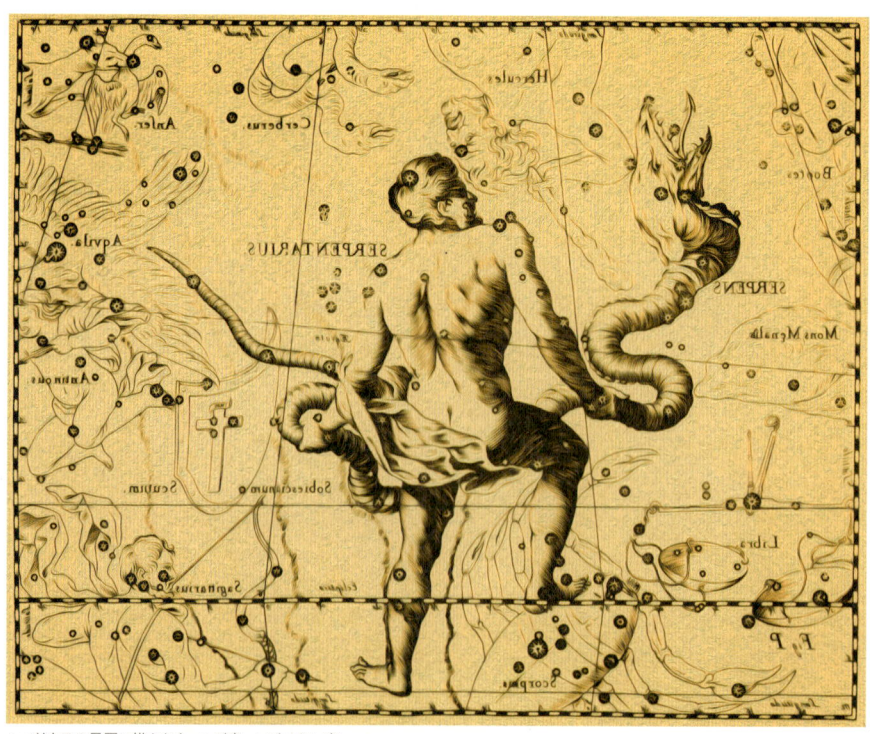

ヘベリウスの星図に描かれた　へび座、へびつかい座

コロニス自身だったではありませんか。瀕死の彼女はアポロン神のほほを優しく撫で、「やっぱり来てくれた。あなたが来てくれそうな気がしたから、家の外で待っていました」と言って息絶えてしまいました。
　カラスの嘘を知ったアポロン神は怒り、カラスを醜い黒に変え、人の言葉を話せなくした後、4本の釘で天に貼り付けにしました。それがからす座だといわれています。
　この時、コロニスはお腹の中にアポロン神の子どもを宿していました。アポロン神は息子を救いだし、生まれ月まで自分の腿の中で育て、生まれるとすぐ、ペーリオン山に住むケイローンに預けました。ケイローンは、半人半馬の怪人ですが、アポロン神と妹のアルテミス女神がその才能にほれ込んで、さまざまな力を授けた人物です。
　ケイローンは、アポロン神の息子アスクレーピオスにあらゆる知識を授けました。医学の神を父に持ち、今また優秀な先生を得て、アスクレーピオスは、まもなく先生をしのぐすばらしい名医に育ちました。他の医者に見捨てられた重病人を治し、大けがをした人たちを助け、やがて、知恵の女神アテナから授けられたメデューサの血の力によって、死んだ人を生き返らせることさえできるようになったのです。
　怒ったのは、冥界の王ハデスです。早速神々の王であるゼウスのところへ出向き、「定められた人間の運命を勝手に変えることは、神々にさえ許されないことだ。それを人間のみでありながら死者を生き返らせるとは言語道断である！」と激しく抗議したのです。確かに、このままでは世の中の秩序が乱れてしまうと判断した大神ゼウスは、アス

バリットの星図に描かれた　へび座、へびつかい座

クレーピオスにいかづちを投げつけて殺してしまいました。しかし、彼の医者としての偉業を高く評価していた大神ゼウスは彼を星座に加えました。こうして、へびつかい座が誕生したといいます。
　死んだ後も、アスクレーピオスは、ますます人々の尊敬を受けました。エピダウロスという都市に建てられた彼の神殿には、助けを求めて訪れる病人やけが人が長い列を作りました。彼らが神殿で祈りを捧げ、眠りにつくと、夢にアスクレーピオスが現れて、どうすれば病気や怪我が治るか教えたといいます。
　ところで、星座となったアスクレーピオスは、ヘビを両手に持って立っています。これは、アスクレーピオスが生前、ヘビの毒を薬として使っていたからだといいます。地中海の東部一帯では、昔から、ヘビを神聖な生き物として崇めていました。アスクレピオンと呼ばれる病院では、ヘビを使ったまじないが行われると共に、ヘビを使ったショック療法も行われていたといいます。ヘビの強い生命力が、病気を直す力と関係があると信じられていたのです。

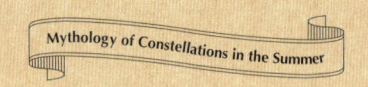

Mythology of Constellations in the Summer

Libra / Lib	Scorpius / Sco
面積538平方度 21時正中 6月下旬	面積497平方度 21時正中 7月中旬
正義と悪を計るという神の天秤	赤い星アンタレスとS字の形が目印
## てんびん座	## さそり座

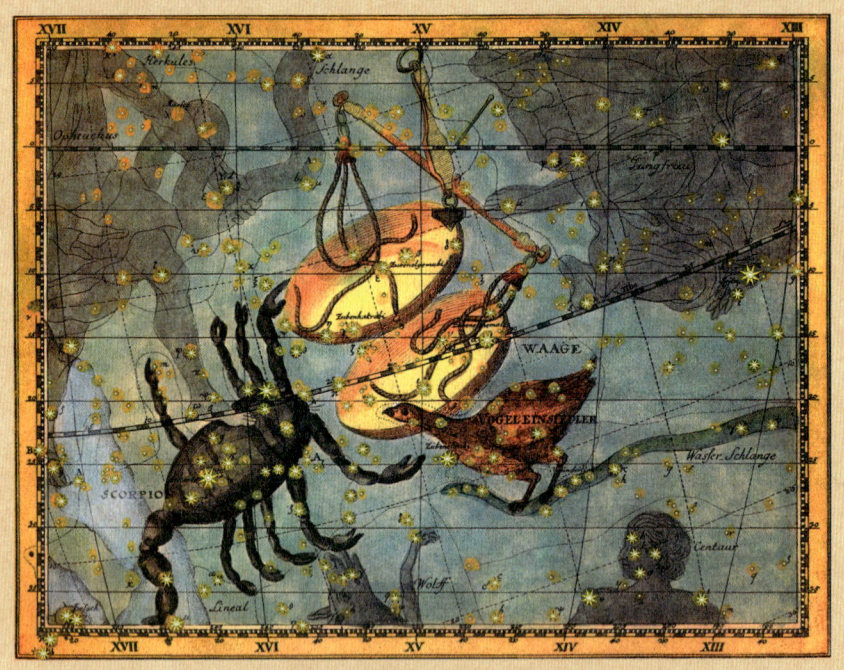

ボーデの星図に描かれた てんびん座、さそり座

　てんびん座は「黄道12星座」の1つです。ローマ時代のユリウス・カエサルの頃に誕生した星座で、それ以前はさそり座の一部でした。
　さそり座は、最も古くから存在する星座で、シュメール時代に誕生した星座の1つです。トレミーの48星座の1つで、黄道12星座の1つでもあります。
　1等星アンタレスの真っ赤な色は昔から注目を集め、アンタレスとは、真っ赤な色の惑星「火星に対抗するもの」の意味を持ち、中国では「大火」、日本では「酒酔い星」などと呼ばれていました。

正中した頃のさそり座、てんびん座

てんびん座

さそり座

✽ さそり座／てんびん座の探し方

　さそり座は夏の代表的星座です。南の地平線近く、赤く輝く1等星アンタレスを中心に、星々がSの字形に連なり、たいへん分かりやすい姿をしています。

　さそり座の西、3個の3等星がさそりの頭の3星と同じ形、裏返しの「く」の字形に並んでいるところが、てんびん座です。

星座図の向きに見える時期
（さそり座正中）
★ 4月上旬 ……………… 3時
★ 5月上旬 ……………… 1時
★ 6月上旬 ……………… 23時
★ 7月中旬 ……………… 21時

夏の星座神話 ★ 63

✳ てんびん座ものがたり
正義と悪を裁く女神の天秤

　ローマ神話によると、これは、正義の女神アストレイアの持つ天秤の姿なのだそうです。彼女は死者の魂をこの天秤で測り、悪しき者は地獄に送られたといいます。

　さて、人類には、5つの時代がありました。最初の黄金時代、人間は大地から生まれました。神々と人間は大地の上で一緒に暮らし、神々が喧嘩をしたときには人間が仲裁をし、幼い神を人間が育てることもありました。世界の隅々までが平和に満ち、アストレイア女神の天秤はいつも正義に傾いていました。

　やがて、黄金時代の人々が死に絶えると、神が人間を作りました。これが、銀の時代です。この時代の人々は争いが好きで、強い者が弱い者をしいたげていました。神々は人間に愛想をつかしてオリンポスへと去って行きました。それでも人間は、殺人だけは決して行わなかったので、アストレイア女神だけは人間を見捨てず地上にとどまって、人々を正義に導こうと努力しました。やがて、彼らは大神ゼウスに滅ぼされ銀の時代は終わりを告げました。

　次の時代の人々は「とねりこ」の木から生まれ落ちました。銅の時代です。人々は戦

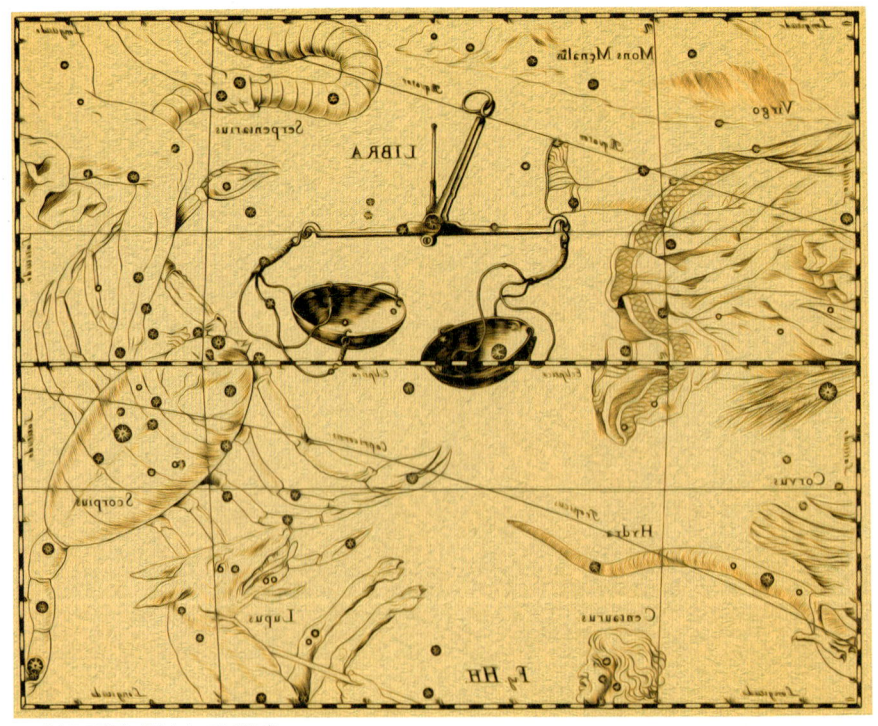

ヘベリウスの星図に描かれた　てんびん座

争を始め、親子兄弟さえも殺しあうようになりました。そして、彼らは自ら死に絶えてしまいました。

続く英雄時代、相変わらず悪がはびこってはいたものの、神々を父とし人間を母とした正義の英雄達が現れ、アストレイア女神も少し気を取り直しました。

しかし、鉄の時代になると、人々は堕落し、残忍で嘘つきで好戦的で、さすがのアストレイア女神もとうとう、人間を見放し、ついに天高く去って星座になってしまったといいます。

1825年に出版された「Urania's Mirror」に描かれた さそり座

★ さそり座ものがたり

オリオンを刺した毒虫サソリ

オリオン（オリオン座、p116参照）は、海の神ポセイドンの息子です。なかなか人気があった伝説上の人物らしく、幾種類かの伝説が伝わっています。

オリオンは、巨人のように背が高く、美男子で、とても腕の立つ狩人でした。ある時、仲間達とさんざんお酒を飲んで酔っぱらい、みんなにおだてられて上機嫌になったオリオンは、つい「天下にこの俺ほど腕のいい猟師はいないさ。いくら逃げ足の速い鹿だって俺様にかかっちゃあ、亀みたいなもんだ。熊やライオンは恐くないかって？とんでもない。俺様にかかっちゃあ赤ん坊みたいなもんさ!」と自慢してしまいました。

それを聞いた神々は、思い上がりの激しいオリオンに怒りました。特に、大地の女神ガイアは「毎日、獲物が捕れるのは、私が与えてやっているからだ。それなのに、何という思い上がりだ!」と怒り、1匹のサソリを呼んで「オリオンを刺し殺しておしまい!」と命令しました。

サソリはひそかにオリオンに忍び寄ると、その猛毒の針をつき刺したのです。さすがのオリオンもサソリの毒にはかないません。ばったり倒れると、息絶えてしまいました。

この手柄で、サソリは星座になりました。オリオンも星座となりましたが、さそり座が空に昇ってくるとオリオン座は地平線の下へ隠れ、さそり座が空から姿を消さないとオリオン座は空に昇ってきません。それはこのようないきさつがあるからだといわれています。

女神ガイア（アンゼルム・フォイエルバッハ画）

夏の星座神話 ★ 65

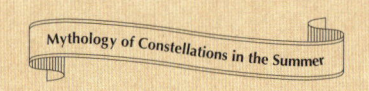

Mythology of Constellations in the Summer

Aquila / Aql	Delphinus / Del
面積652平方度　21時正中　8月下旬	面積189平方度　21時正中　9月中旬
美少年ガニメーデスをさらう鷲の姿	わし座の東にある小さな星座
# わし座	# いるか座

ボーデの星図に描かれた　わし座、いるか座

　わし座は古代バビロニア時代にはすでに知られていた古い星座の1つで、当時は、神が鷲を抱いた姿で現されていました。トレミーの48星座の1つです。1等星アルタイルは夏の夜空では2番目に明るく輝き、日本では古くから「彦星」「牽牛星」として親しまれてきました。

　いるか座は、フェニキアで作られた星座です。トレミーの48星座の1つでもあります。わし座の東にあり、小さな星座ですがとても目立ちます。

正中した頃のわし座、いるか座

いるか座

アルタイル

わし座

❇ わし座／いるか座の探し方

　夏の宵の頃、天高く輝く「夏の大三角」の星々の中で2番目に明るいのがわし座のアルタイルです。アルタイルをはさんで小さな2個の星がほぼ一直線に並ぶのがわし座の目印です。
　また、わし座のすぐ東に、星が小さなひし形を形作って並んでいるのが、いるか座です。小さいながらもまとまった形をしていて目立ちます。

星座図の向きに見える時期
（わし座正中）
★ 5月下旬 ……………… 3時
★ 6月下旬 ……………… 1時
★ 7月下旬 ……………… 23時
★ 8月下旬 ……………… 21時

夏の星座神話 ★ 67

※ わし座ものがたり
七夕の物語

　中国の神々の皇帝、天帝には、織り姫と呼ばれる1人娘がいました。織り姫は、毎日毎日、機を織っては神々の服や家々を飾る布を作っていました。朝から晩まで、忙しく働く娘を見た天帝は、お婿さんを探してやろうと考えました。天帝の眼鏡にかなったのは、牽牛です。牽牛もまたたいへんな働き者で、天の川の岸辺で牛を飼い、朝から晩まで牛の世話に明け暮れていました。

　2人は、出会った瞬間に恋をし、仕事のことなどすっかり忘れて、2人で毎日遊んでばかりいるようになったのです。たまりかねた天帝が「少しは仕事をしなさい!」と注意すると「はい、明日からちゃんと働きます」と返事をするものの、次の日になっても、その次の日になってもいっこうに働く気配はありません。そのうち神々の服はボロボロになり、牛たちは今にも病気で死にそうになりました。怒った天帝は、二人を天の川の西と東に分けてしまいました。

　牽牛と会えなくなった織り姫は毎日毎日泣いて暮らしました。さすがに天帝もかわいそうになり、「もし一生懸命働くなら、1年に1度、会うことを許そう」と言いました。気を取り直した2人はまた一生懸命働きました。すると、7月7日、どこからともなくたくさんの鳥が現れ、天の川に橋を架けて、2人を会わせてくれました。

　わし座の1等星アルタイルが、この牽牛星、こと座の1等星ベガが、織り姫星です。

　また、わし座は、ギリシャ神話では、神々の王ゼウスがトロイの王子ガニメーデスを神々の宮殿へとつれてきた（p81、参照）ときに変身した姿だといわれています。

機を織る織り姫

牛を飼う牽牛

※ いるか座ものがたり
アーリーオーンを助けたイルカ

　コリントスの宮廷楽師アーリーオーンは、海の神ポセイドンの息子で、竪琴の名手でした。ある時、国王の命令で、シチリア島で催された音楽コンクールに出場し、居並ぶ音楽家を尻目に、見事優勝し、山のような金銀財宝を賞品として受け取りました。

　コリントスへ凱旋するアーリーオーンを乗せた船がシチリア島を出航し沖合いに出た頃、アーリーオーンの金銀財宝に目が眩ん

だ船員達は、彼を縛り上げて海に放り込もうとしました。アーリーオーン一人ではなすすべもありません。覚悟を決めたアーリーオーンは船員達に死ぬ前に1曲竪琴を弾かせてくれ、と頼みました。アーリーオーンは船の舳先に立つと心を込めて、人生最後の曲を奏でました。そして、歌い終った瞬間、自ら海に身を投げたのです。

ところが、いつの間にか、船の周りには、アーリーオーンの音楽に魅せられたたくさんのイルカが集まっていました。イルカはアーリーオーンを助け、無事にコリントスの港まで送り届けてくれたのです。

卑劣な船員達は、コリントスに戻ったところを王様に捕らえられてしまいました。そして、イルカは、アーリーオーンの命を救った功績により、音楽の神アポロンによって星座にされたといいます。

イルカに助けられたアーリーオーン（フランソワ・ブーシェ画）

※ いるか座ものがたり

ポセイドンの恋の使者

海の神ポセイドンは美しい海のニンフ・アムピトリテーに夢中になり、彼女に求婚しましたが、あっさりと断られてしまいました。なおもしつこく迫るポセイドン神を嫌ったアムピトリテーは、アトラス山脈に身を隠してしまいました。

それでもあきらめられないポセイドン神は、彼女の元に次々に使者を送りましたが、誰も良い返事を持って帰ることができません。すると、1匹のイルカが進み出て、「私が使者に立ちましょう」と申し出ました。ポセイドン神は喜んでイルカを送り出しました。

アムピトリテーの元を訪れたイルカはポセイドン神の真心を言葉巧みにアムピトリテーに伝えたので、さすがのアムピトリテーも心を動かされ、ポセイドン神との結婚を承諾したのでした。

アムピトリテーとの結婚式の当日、ポセイドン神は感謝の気持ちを込めてイルカを星座にしました。これがいるか座なのだそうです。

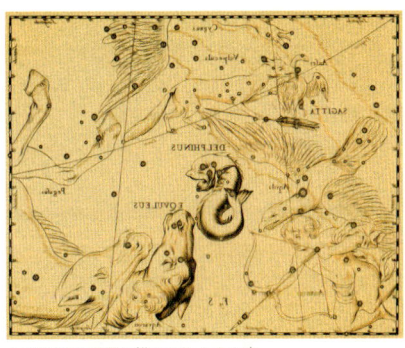

ヘベリウスの星図に描かれた いるか座

夏の星座神話 ★ 69

Mythology of Constellations in the Summer

Sagittarius / Sgr

面積 867平方度　21時正中　8月中旬

天の川が最も明るいところにある星座
いて座

ボーデの星図に描かれた いて座

　夏は1年中で1番天の川が美しい時期ですが、この夏の天の川で1番明るく幅広いところが、いて座付近です。2千億個もの星の大集団である私達の銀河系中心が、このいて座方向にあるためです。

　さそり座と共に、最も古くから存在する星座の1つで、アッシリアの彫刻では、サソリの胴体を持った人間が弓矢を引き絞っている姿で描かれています。トレミーの48星座の1つであり、黄道12星座の1つでもあります。

正中した頃のいて座

南斗六星

❇ いて座の探し方

さそり座の東、6個の星が小さなひしゃくの形に並んでいるのがいて座の目印です。これは、北の北斗七星に対して、「南斗六星」と呼ばれています。半人半馬の姿のケイローンが弓に矢をつがえた姿になっていますが、矢の先はサソリの心臓を狙っており、サソリが夜空で暴れ出さないよう、見張っているのだともいわれています。

星座図の向きに見える時期
- ★ 5月中旬 ……………… 3時
- ★ 6月中旬 ……………… 1時
- ★ 7月中旬 ……………… 23時
- ★ 8月中旬 ……………… 21時

※ いて座ものがたり

半身半馬の怪人 ケイローン

　昔、腰から下が馬の怪人達がいました。彼らは、ケンタウルス族と呼ばれ、ひどく乱暴で、野蛮な種族でした。

　しかし、彼らの中で、ケイローンだけは、少し違っていました。彼は、大神ゼウスの父である、時の神クロノスとニンフのフィリラとの間に生まれた子どもでした。クロノス神がフィリラに会いに行くとき、妃である女神レイアの目をごまかすために馬に姿を変えていったことから、ケイローンは上半分が人間、下半分が馬の姿で生まれたのです。

　ケイローンはたいへん賢く、アポロン、アルテミスの兄妹神に愛されました。アポロン神は、音楽、医術、予言の力をケイローンに与え、アルテミス女神は狩りの技を教えました。

　やがて、ケイローンは、ペーリオン山の洞穴に住んで、若い英雄達を次々に教育しました。怪力ヘラクレスに戦いの技を教え、アポロン神の息子アスクレーピオスを名医に育て上げたのもこのケイローンでした。

　その後、ケイローンは、マレア半島に移り住みましたが、このケイローンの家へ、ある日、突然、3人のケンタウルス族が逃げ込んできました。なんと英雄ヘラクレスに追われていたのです。

　実は、ヘラクレスが、友人のケンタウルス族のポロスの元を訪れた時のこと、そこで、おいしそうなお酒の瓶を見つけたのです。お酒が大好きなヘラクレスは、早速、ポ

バリットの星図に描かれた いて座

ロスに酒をねだりました。

「ダメだよ、ヘラクレス。いま酒の瓶を開けたらたくさんのケンタウルスがやってきてみんな飲んでしまうよ」とポロスは断りましたが「大丈夫だ、俺がみんな追い払ってやるさ」と後に引きません。しかたなくお酒を出してやると、ポロスの心配どおりたくさんのケンタウルス族が集まってきて「俺達にも酒を飲ませろ」と大騒ぎになりました。お酒も入って勢いのついたヘラクレスは、弓矢をたずさえると、「やかましい!」と、騒いでいるケンタウルス族の中にふみ込んだのです。そして、次々に矢を射てケンタウルス達を殺し始めましたから、彼らは、クモの子を散らすように逃げ出しました。その中の3人のケンタウルス達を追いかけて、ヘラクレスはマレア半島までやってきたのです。

ケンタウルス達が1軒の家の中へ逃げ込んだのを見ると、ヘラクレスは後先を考えずに、弓を引き絞り、矢を放ちました。矢は扉を打ち破り、1人のケンタウルスの腕を貫いて、なんと、この家の主人であるケイローンの膝にぐさりと突き刺さったのです。

家の中へ飛び込んできたヘラクレスは、この光景を見て真っ青になりました。

「先生ー!!」

ヘラクレスの矢にはヒドラの猛毒(うみへび座、p40参照)が塗ってありました。どんな怪物も、矢がかすっただけで死んでしまうという猛毒です。たちまち、ケイローンは毒に冒され、苦しみ、もがき始めました。しかし、ケイローンは神様の子どもで不死身だったのです。苦しんで、苦しんで…でも、死ねませんでした。

ケイローンの苦しみを見かねたヘラクレスは、神々の王であるゼウスに祈り、ケイローンの不死身を解いてもらいました。ケイローンは、ようやく苦しみから解放され、安らかに死の国へ旅立って行きましたが、ケイローンの死を惜しんだ大神ゼウスは、ケイローンの姿を星座にしました。これが、いて座なのです。

イタリアのファルネーゼ宮殿のフレスコ画に描かれた いて座

知恵の女神ミネルヴァ(ローマ神話)とケンタウルス
(サンドロ・ボッティチェッリ画)

夏の南の地平線から伸びる天の川。右下にはさそり座が横たわり、天の川の最も幅広く明るい部分にはいて座が輝く。画像の左上に見える明るい星は、わし座のアルタイル。

Mythology of Constellations in the Autumn

秋の
星座神話

ペガスス座の周辺に広がる秋の星座。その多くはエチオピア王家にまつわる壮大な叙事詩を作り上げています。物語に登場する星座を一つ一つたどってみましょう。

✴ 秋の星座

　秋の星座には1等星がたった1個で、にぎやかだった夏の星空に比べるとどことなく寂しさが漂います。ただ、そこに輝く星座たちの多くはエチオピア王家にまつわる壮大でロマンチックな一大絵巻を展開しています。

　明るい星の少ない秋の星空では、空高く4個の星が描く巨大な四辺形がとても目立ちます。これは「秋の大四辺形」または「ペガススの大四辺形」と呼ば

れています。ここがペガスス座の目印です。そして、この四辺形は秋の星空の案内人となっています。

　四辺形の左上の星はアンドロメダ座の星です。ここを頂点に星が横に寝たアルファベットのAの文字の形に並んでいるところがアンドロメダ座です。アンドロメダの足下には、「人」という文字の形に星が並んだペルセウス座があります。

　大四辺形の右下の星の下には、星が小さな三

星図中のラベル:
ケフェウス / デネブ / はくちょう / ベガ / こと / ヘルクレス / こぎつね / や / ペガスス / アルタイル / いるか / へび(尾) / へびつかい / 三ツ矢 / こうま / わし / みずがめ / たて / やぎ / フォーマルハウト / いて / みなみのうお / けんびきょう / つる / 西

同じような空が見える時期

- ★ 7月中旬 …………… 3時頃
- ★ 8月中旬 …………… 1時頃
- ★ 9月中旬 …………… 23時頃
- ★ 10月中旬 …………… 21時頃
- ★ 11月中旬 …………… 19時頃

（北緯35°付近）

ツ矢のマークの形に並んでいます。これがみずがめ座の目印です。また、大四辺形の東の辺と南の辺に沿って小さな星が続いているところがうお座です。

　大四辺形の右の辺をずっと下（南）にのばすと、秋の夜空でたった1つの1等星フォーマルハウトにぶつかります。これが、みなみのうお座の目印です。左の辺をずっと下（南）にのばすと、2等星にぶつかりますが、これがくじら座のしっぽに輝くデネブ・カイトスです。逆に、左の辺を上（北）の方へのばして行くと、Wの形に星が並んだカシオペヤ座を通り、細長い五角形の形のケフェウス座の頂角を通り、北極星にぶつかります。

　ただ、やぎ座だけは夏の星座いて座から探した方が分かりやすいでしょう。いて座の東、大きな逆三角形に星が並ぶところがやぎ座です。

秋の星座神話 ✦ 77

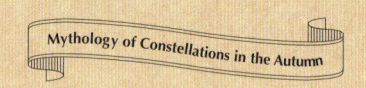

Mythology of Constellations in the Autumn

Capricornus / Cap

面積414平方度 21時正中 9月下旬

山羊と魚が合体した姿
やぎ座

Aquarius / Aqr

面積980平方度 21時正中 10月中旬

水瓶を持った美少年
みずがめ座

ボーデの星図に描かれた みずがめ座、やぎ座

　みずがめ座はシュメール時代に作られた、最も古い星座の1つです。みずがめ座の周りには、やぎ座、うお座、みなみのうお座、くじら座など、水に関係した星座達が位置しています。これは、ちょうど太陽がこのあたりを通過する頃、メソポタミア地方が雨期だったためだと考えられます。トレミーの48星座の1つで、黄道12星座の1つでもあります。

　やぎ座もまた、シュメール時代に作られた、古い星座の1つです。トレミーの48星座の1つで、黄道12星座の1つでもあります。

正中した頃のみずがめ座、やぎ座

三ツ矢

みずがめ座

フォーマルハウト

やぎ座

✺ みずがめ座／やぎ座の探し方

　いて座の明るい天の川の東に小さな星々が大きな逆三角形に連なっているところがやぎ座です。さらに東に目を向けると、4個の星が小さな三ツ矢の形に並んでいるのが目につくでしょう。これがみずがめ座の目印です。男性が瓶を持っている姿がみずがめ座です。三ツ矢から南の空にぽつんと輝く1等星フォーマルハウト（みなみのうお座）まで点々と続く星をたどることができます。

星座図の向きに見える時期
（みずがめ座正中）

- ★ 7月中旬 ……………… 3時
- ★ 8月中旬 ……………… 1時
- ★ 9月中旬 ……………… 23時
- ★ 10月中旬 …………… 21時

秋の星座神話 ★ 79

★ やぎ座ものがたり

野山の神
パーン

　山野の神で、羊飼いの守り神パーンは、伝令神ヘルメスの息子です。上半分が人間、下半分が山羊の姿で、頭には山羊の角を持ち、顔は髭だらけでしたから、見た目は不気味でした。しかし、とても陽気で、踊りが大好きな森のニンフ達といつも戯れていました。

　このパーン神が、ラドーン川の神の娘シュリンクスに恋をしました。ある時、偶然、野原で恋がれた相手を見つけたパーン神は想いを伝えようと彼女に駆け寄りました。しかし、不気味な姿の怪人が自分に向かって走ってくるのを見たシュリンクスは、恐れをなして、一目散に逃げ出しました。野を越え山を越え、逃げても逃げても、パーン神は追いかけてきます。そして、とうとう、ラドーン川の川岸に追いつめられてしまいました。

「お父様、助けて!」

　そう叫ぶと、シュリンクスの姿は幻のように消えて行き、彼女がさっきまで立っていた場所には、見慣れない葦が風に揺れていました。ラドーン川の神がシュリンクスを葦に変えたのです。

　シュリンクスの思い出にと、パーン神はその葦を折って、笛を作りました。そして、片時も放さず持ち歩き、しばしば、彼女を想って、笛を吹いていたといいます。

　このパーン神が、ある日、ナイル川のほとりで開かれた神々の宴会に参加しました（うお座、p88参照）。もちろん、パーン神もシュリンクスの笛を吹いて神々を楽しませていました。その時、突然、怪物テュフォンが乱入してきたのです。神々は先を争って逃げ出し、パーン神はナイル川に飛び込み、魚に変身して逃げようとしたのですが、あまりあわてたので、下半分は魚になったものの、上半分が山羊という妙な姿になってしまいました。この姿がおもしろいと神々は大喜びし、記念にその姿を星座に加えました。これが、やぎ座だといいます。

シュリンクスとパーン神（ジャン・フランソワ・ド・トロイ画）

★ やぎ座ものがたり

ゼウス神の乳母
アマルティア

　また、やぎ座は神々の王ゼウスの乳母で、山羊のニンフのアマルティアだともいわれています。自分の子どもに殺されると予言された時の神クロノスは、生まれた子どもを次々に飲み込んでしまいました。悲しんだ妃のレイア女神は末っ子のゼウス神が生まれると、クロノス神には産着でくるんだ石を渡し、ゼウス神をアマルティアに預け養育してもらいました。やがて成長したゼウス神が世界

を支配するようになった時、彼は感謝を込めてアマルティアの姿をきらめく星々の間においたのだそうです。

🌟 みずがめ座ものがたり
美貌のトロイの王子ガニメーデス

　神々の住むオリンポスの神殿では、食事の時、神食アンブロシアを皿に盛り分け、神々の杯に神酒ネクタルを注いで回るのは、ゼウス神と妃ヘーラ女神の娘で、青春の女神ヘーベの役目でした。しかし、ヘーベ女神は、ゼウス神の息子ヘラクレスの妻となったため、その役を離れることになり、代わりに誰を任命したらよいかゼウス神は頭を痛めていました。なにしろ、ヘーベ女神は、その体全体が光輝くほどに美しく、そのため、神々は一段とおいしく食事を楽しむことができたからです。

　そんなある日、天上から下界を眺めていたゼウス神は、トロイの王子ガニメーデスが羊を追っている姿を見つけました。一目で気に入ったゼウス神は、鷲に姿を変えると、ガニメーデスをつかんでオリンポスまで連れてきてしまいました。

　宮殿に着くと、ゼウスはその正体を現し、「恐がることはない。私は、神々の王ゼウスだ。おまえは、これから神々の杯に神酒ネクタルを注ぐ役目をつとめるのだ。そのかわり、おまえには永遠の若さと美しさを与えよう」と告げたのです。

　ガニメーデスは身に余る光栄でしたが、ただ1つ心配だったのは、自分がいなくなったことを両親がどんなに嘆き悲しんでいるか、ということでした。

　これを知ったゼウス神は、トロイの国王夫妻の元に伝令神ヘルメスを送りました。事の次第を告げさせ、たくさんの宝物を与えました。そして、その上で、息子を失った悲しみを和らげようと、ガニメーデスの姿を星座にしました。こうしてできたのが、みずがめ座です。

鷲に変身したゼウスにオリンポスへ運ばれるガニメーデス（アントニオ・アッレグリ・ダ・コレッジョ画）

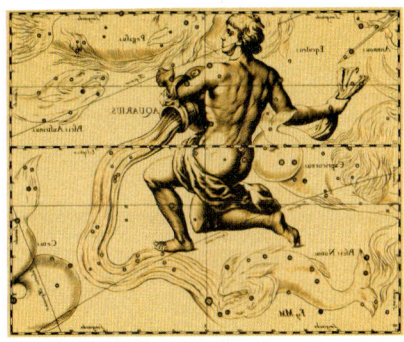

ヘベリウスの星図に描かれた　みずがめ座

秋の星座神話　★　81

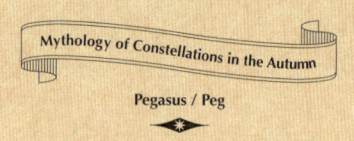

Mythology of Constellations in the Autumn

Pegasus / Peg

面積 1121平方度 21時正中 10月下旬

秋の星座の案内役
ペガスス座

ボーデの星図に描かれた ペガスス座

　シュメール時代から「天馬」の星座として知られていた、紀元の古い星座です。トレミーの48星座の1つでもあります。

　ペガススの胴体を作る4個の星々(北東の星はとなりのアンドロメダ座の星)は、特に明るいわけではありませんが、この付近に星が少ないことから、よく目立ちます。4個の星が描く四辺形は、「ペガススの大四辺形」「秋の大四辺形」と呼ばれ、秋の夜空のシンボルとなっています。

正中した頃のペガスス座

ペガススの大四辺形

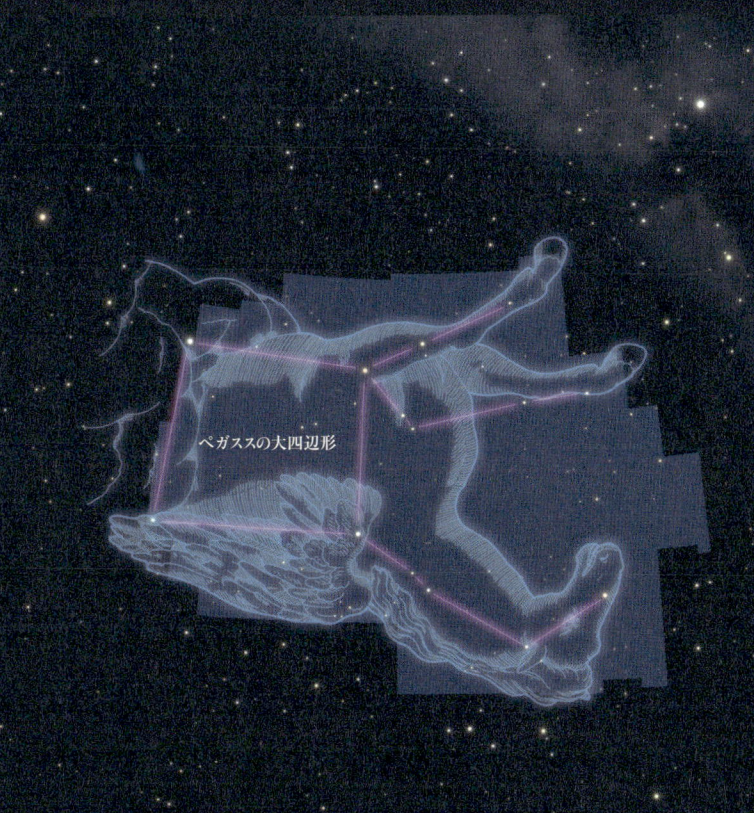

✺ ペガスス座の探し方

　秋の宵の頃、東の空高く4個の星が大きな四辺形を形作っています。これは、「ペガススの大四辺形」と呼ばれ、ペガスス座の目印です。4つの星は天馬ペガススの胴体を形作っていて、上半身だけの逆さまになった天馬ペガススの姿が描かれています。

星座図の向きに見える時期
★ 7月下旬 ……… 3時
★ 8月下旬 ……… 1時
★ 9月下旬 ……… 23時
★ 10月下旬 ……… 21時

秋の星座神話 ★ 83

※ ペガスス座ものがたり

王子ベレロフォンを助けた天馬

　コリントスの王子ベレロフォンは、凛々しい若者で、あらゆるスポーツに秀で、人望も厚かったのですが、ある時、誤って弟を殺してしまい、王である父親に国を追放され、ティリュンス王の下で暮らしていました。

　そんなベレロフォンにティリュンス王の妃が心奪われ、ある日、彼に心を打ち明けました。しかし、純真な心を持った若者は、王妃の邪な心を激しくなじり、王妃の自尊心を傷つけました。その夜、王妃は、王に、ベレロフォンが自分に恋して迫ってくるのでなんとかしてほしい、と嘘の告げ口をしたのです。王は怒りましたが、自分を頼って身を寄せている若者を自分の手で殺すことはできないと悩んだ末に、次のような行動をとりました。

　王はベレロフォンに手紙を持たせ、遠国のルキアに送り出したのです。その手紙には「この手紙を持参した者を直ちに殺してほしい」と記されていました。

　遠くティリュンスの王からの使者が来たと、ルキア王は、手厚くベレロフォンをもてなしました。そして、いざ、彼の持ってきた手紙を開けたルキア王は、真っ青になりました。手紙を持ってきた使者を殺してくれと言われても、食卓を共にした客人を殺すことは、ゼウ

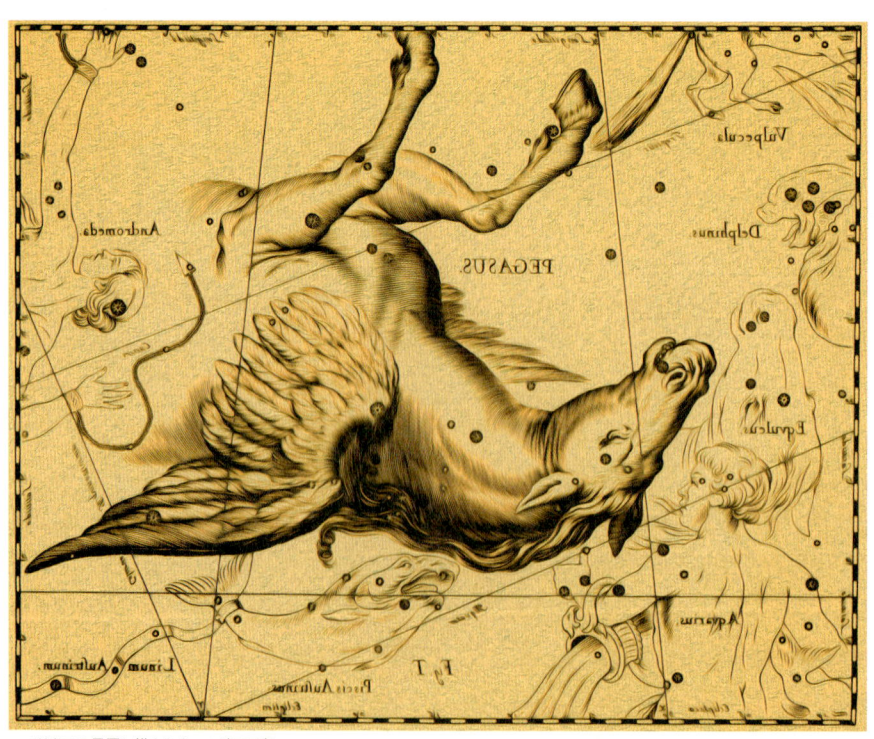

ヘベリウスの星図に描かれた　ペガスス座

ス神の最も嫌う行いです。そんなことをすれば後でどんな罰が下るか分かりません。その時、王によい考えがひらめきました。ちょうど怪物キマイラが国を荒らして困っていたため、「キマイラを退治してはくれまいか」とベレロフォンに頼んだのです。

「この若者が怪物にかなうはずはない。怪物に殺されれば、ティリュンス王の頼みを叶えられる」と考えたのでした。

ベレロフォンは、世話になったルキア王の頼み事を断ることもできず、承諾してみたものの、どうしたらよいかわかりません。考えあぐねているうち、女神アテナの神殿で眠り込んでしまいました。すると、夢枕に女神が現れ、「キマイラ退治には天馬ペガススに乗って行くがよい」と教えてくれました。

朝、目覚めたベレロフォンの手には、夢の中で女神から授かった金のくつわがしっかりと握られていました。ペガススは、翼を持った空飛ぶ天馬です。女神の言葉に従い、ピレネの泉で待っていると、夜更けになって、ペガススが水を飲みに現れました。すばやく金のくつわをつけると、ペガススは、ベレロフォンのいうことをなんでも聞くようになったのです。早速、ベレロフォンはペガススに乗ると、キマイラの住処を目指して空へ舞

イタリアのファルネーゼ宮殿のフレスコ画に描かれた ペガスス座

い上がりました。

キマイラは、頭がライオン、胴体は山羊、しっぽがヘビという怪物です。ベレロフォンの姿を見つけると、口から火を噴いて襲いかかってきました。しかし、天馬に乗り、女神アテナに守られたベレロフォンは、キマイラの攻撃を右へ左へかわすと、1本、2本と矢を打ち込み、10本目の矢で、とうとう、キマイラを退治してしまったのです。

喜んだルキア王は、ベレロフォンを1人娘の夫に迎え、王位をゆずりました。その後も、ベレロフォンはペガススと一緒に数々の冒険を行い、否が応でも名声は高まって行きましたが、それにつれて、ベレロフォンは、しだいに神々を敬わなくなっていきました。そして、ある日、ペガススに乗って神々の国オリンポスへ行こうとしました。怒った大神ゼウスは、1匹のアブを放ちました。アブはペガススの耳を刺したからたまりません。痛みに荒れ狂ったペガススは、ベレロフォンを地上へ振り落とすと、天にぶつかって星座となってしまいました。それが、ペガスス座なのだそうです。

メデューサの血から生まれた天馬ペガスス

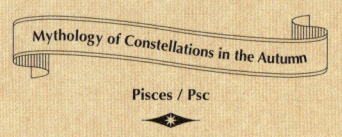

Mythology of Constellations in the Autumn

Pisces / Psc

面積 889平方度 21時正中 11月中旬

現在、春分点がある星座
うお座

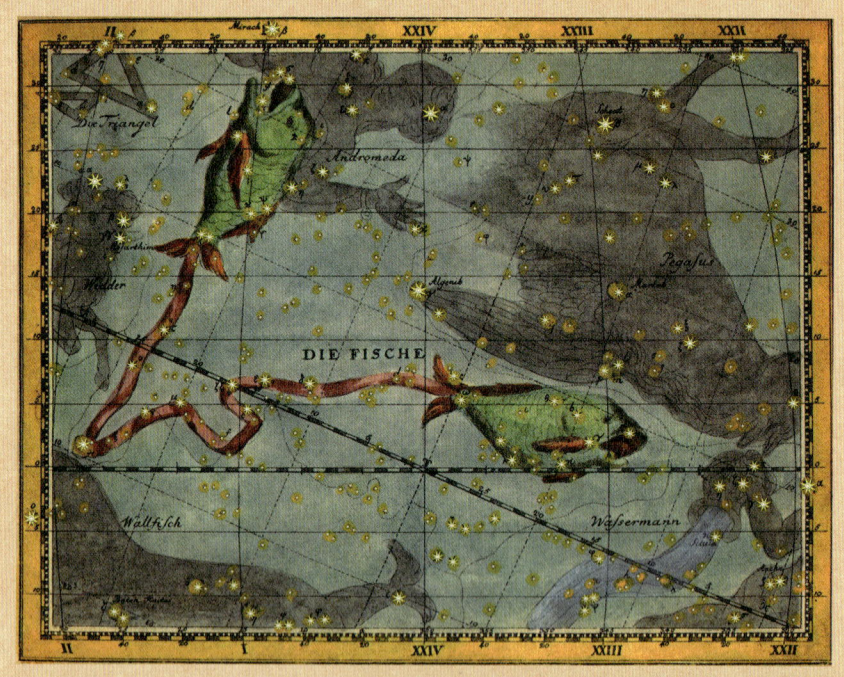

ボーデの星図に描かれた うお座

　シュメール時代に誕生した、最も古い星座の1つです。バビロニア、アッシリア時代には、人魚と魚の尾を持った燕が紐で結ばれた姿をしていました。トレミーの48星座の1つで、黄道12星座の1つでもあります。

　地球上の位置を示すのに経度・緯度が使われるように、星の位置を示すのには赤経・赤緯が使われます。その原点（赤経0度、赤緯0度）の春分点が、現在、この星座にあり、春分の日（3月21日頃）、太陽はうお座で輝きます。

正中した頃のうお座

← アンドロメダ大銀河

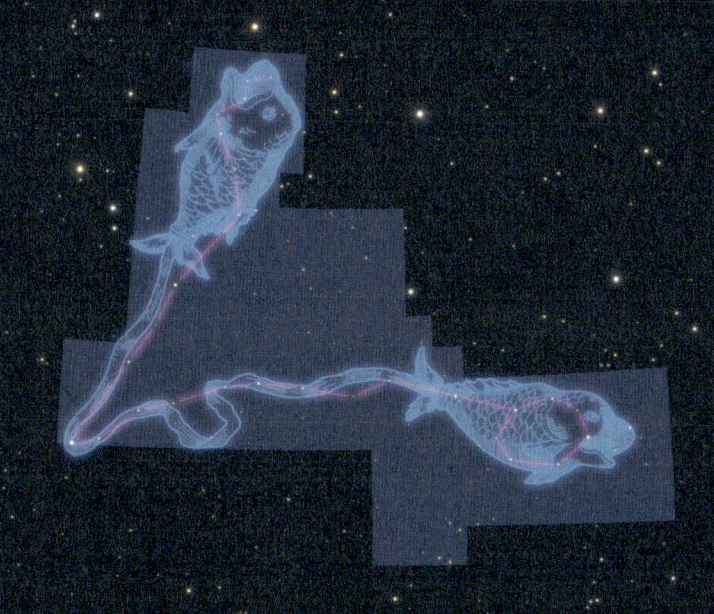

✳ うお座の探し方

暗い星々ばかりであまり目立たない星座です。
ペガススの大四辺形の東の辺と南の辺に沿って、星が巨大な「く」の字形に連なっているのがうお座です。リボンでしっぽをつながれた2匹の魚の姿になっています。

星座図の向きに見える時期
- ★ 8月中旬 ……………… 3時
- ★ 9月中旬 ……………… 1時
- ★ 10月中旬 ……………… 23時
- ★ 11月中旬 ……………… 21時

※ うお座ものがたり

リボンでつながれた愛の女神と息子

　ある日のこと、あまりによい天気なので、神々はオリンポス山にある宮殿から出て、ナイル川のほとりで宴会を開きました。太陽と音楽の神アポロンが堅琴を奏で、音楽の女神ミューズが踊りを舞い、宴会は大いに盛り上がりました。

　その時、突然、生暖かい風が吹き始め、ものすごいうなり声が聞こえてきました。怪物テュフォンが姿を現したのです。テュフォンはゼウス神の祖母に当たる、大地の女神ガイアが生み出した最強の怪物でした。ガイア女神は、ゼウス神にかわいい息子達をたくさん殺されたために、怒り、ゼウス神に復讐することを目的に、テュフォンを生み出したのです。テュフォンは天まで届くほどの身の丈があり、巨大な翼は太陽の光を覆い隠し、足が大蛇で、そのたくましい肩からは、100匹のへびと醜い顔の頭がはえ、鋭い目からは火を噴き、その口からは燃え上がる岩を吐いていました。叫び声は天地をふるわせ、吐く息は、我慢できないほど嫌なにおいがしていました。

　そのあまりにも不気味で恐ろしい姿に、神々は先を争って逃げ出しました。大神ゼウスは鳥となって大空に舞い上がり、ヘーラ

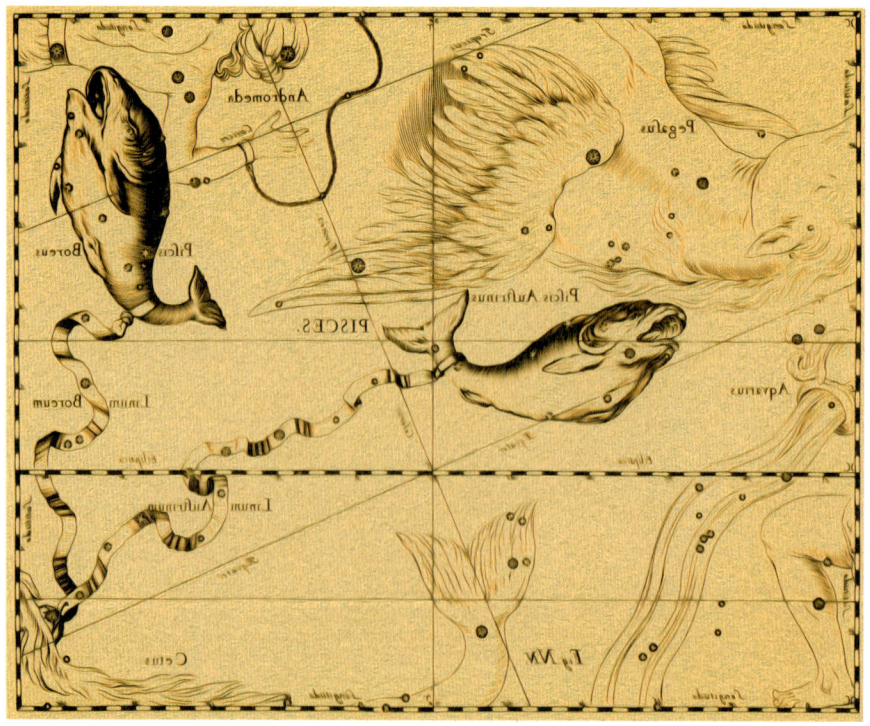

ヘベリウスの星図に描かれた　うお座

女神は雌牛となって逃げ出しました。アポロン神はカラスに、ディオニュッソス神は山羊、アルテミス女神は猫、アレース神は猪に変身しました。愛と美の女神アフロディーテとその息子のエロスは魚に変身し、川に飛び込んで逃げましたが、その時、はぐれるといけないというので、しっかりと体をリボンで結んでいました。後で、その姿を思い出しておもしろがったゼウス神が、その姿を星座にしました。それが、うお座なのだそうです。

さて、ゼウス神は一度は逃げ出したものの、見れば、娘である知恵の女神アテナだけが怪物の前に立ちはだかって戦おうとしているではありませんか。娘に後れをとっては一大事と、ゼウス神は思い直して、いかずちを手に持つと勇敢に怪物に立ち向かいました。ゼウス神のいかづちとテュフォンの吐き出す炎があたりを焼きつくし、激しい戦いに大地は震え、海は大きく波打ちました。ゼウス神は、全身の力を振り絞ってテュフォンに向かい、雷鳴と、稲妻と燃えさかるいかづちを投げつけました。

紀元前540〜530年頃のギリシャで作られた陶器製の壺に描かれている怪物テュフォン

大神ゼウスのあまりにも激しい攻撃に、さすがのテュフォンもひるみ、一目散に逃げ出しました。ゼウス神は、そのあとを追いかけます。トラキアのハイモス山まで来たとき、テュフォンは、くるりときびすを返し、全山脈を持ち上げて、ゼウス神めがけて投げつけました。しかし、ゼウス神は、すかさず、いかづちを投げつけましたので、山々はテュフォンの方にはねかえり、山脈がぶつかったテュフォンは重傷を負ってしまいました。

それでもテュフォンは逃げ続けましたが、南のシチリア島まで来たとき、ゼウス神は巨大な山を持ち上げると、弱っているテュフォンめがけて投げつけ、その下に閉じ込めてしまったのです。こうしてできたのが、シチリア島のエトナ山です。エトナ山がときどき噴火をするのは、テュフォンが山の下で大暴れしているからなのだそうです。

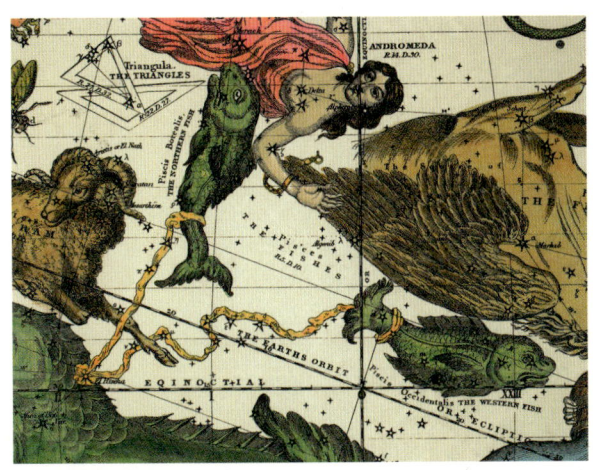

バリットの星図に描かれた うお座

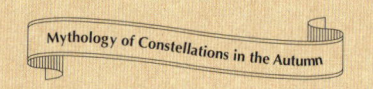

Mythology of Constellations in the Autumn

Andromeda / And 面積722平方度　21時正中　11月下旬 鎖でつながれた王女 # アンドロメダ座	**Perseus / Per** 面積615平方度　21時正中　12月下旬 左手にメデューサの首を持つ # ペルセウス座

ボーデの星図に描かれた　アンドロメダ座、ペルセウス座

　アンドロメダ座は、フェニキアで誕生した星座です。トレミーの48星座の1つで、神話エチオピア王家の物語のヒロインである王女アンドロメダの姿だと言われています。

　ペルセウス座は、古い起源を持つ星座で、古代バビロニア帝国時代には、バビロン市の守神で、最高神のマルドゥクの姿に見られていました。トレミーの48星座の1つです。左手に持つ魔女メデューサの首は、以前、独立した星座だったことがあります。

正中した頃のアンドロメダ座、ペルセウス座

ペルセウス座

アンドロメダ大銀河

アルゴル

アルフェラッツ

アンドロメダ座

✳ アンドロメダ座／ペルセウス座の探し方

　ペガススの大四辺形を形作る4星のうち、北東の星はアンドロメダ座の星です。ここを先頭に星がAの文字の形に並んでいるのがアンドロメダ座です。腰のところには有名なアンドロメダ大銀河がぼーっと輝いて見えます。

　このアンドロメダの足下、星が「人」の文字の形に並んでいるのがペルセウス座です。

星座図の向きに見える時期
（アンドロメダ座正中）

- ★ 8月下旬 …………… 3時
- ★ 9月下旬 …………… 1時
- ★ 10月下旬 …………… 23時
- ★ 11月下旬 …………… 21時

秋の星座神話 ★ 91

※ ペルセウス座ものがたり

勇者
ペルセウス

　アルゴスの王アクリシオスは、ある時、「おまえはやがて孫に殺されるだろう」という神のお告げを受けました。王には未婚の美しい一人娘ダナエがいましたから、驚き、おびえた王は娘を監禁して男性の目に絶対触れないようにしてしまいました。

　しかし、幽閉されたダナエに大神ゼウスが恋をしました。ゼウス神は黄金の雨となってダナエに降り注ぎ、ダナエは男の子ペルセウスを生み落したのです。ある日、監禁した娘の部屋から赤ん坊の声が聞こえるのを不審に思った王が扉を開けてみると、娘が赤ん坊を抱いているではありませんか。驚いた王は孫を殺そうとしますが、さすがに不憫で殺すことができず、2人を木の箱に閉じ込めて海に流したのです。

　箱はセリボス島へ流れ着き、母子は漁師に助けられ、暖かい庇護の下、貧しいながらも平穏な日々を過ごしました。

　しかし、ペルセウスが成人する頃、親代わりだった漁師が死ぬと、漁師の弟で島の王ポリュデクテスはダナエを妃にしたいと思うようになりました。そのために、まず、邪魔なペルセウスを亡き者にしようと考えた王は、ペルセウスを自分の誕生日に招待しました。招待客は次々に豪華な贈り物を王に献上し、やがてペルセウスの番となりました。人々は貧しい身なりのペルセウスをあざ笑いました。一本気な若者は真っ赤になって「確かに私は黄金も宝石も持ってはいません。しかし、私は王がお望みなら何でもして差し上げましょう」と言いました。

　王は待ってましたとばかりに、「では、私のためにメデューサの首を持ってきてくれ」とペルセウスに命じたのです。

「王よ、ペルセウスには無理です。メデューサは髪の1本1本がヘビで、その顔の恐ろしさといったら、一目見ただけで石になってしまうという怪物ですよ。ギリシャ一の勇者ならともかく、このペルセウスでは…」

　王の腹心がすかさずペルセウスの自尊心をあおりました。

「分かりました。待っていてください。このペルセウスがかならず王のためにメデューサの首を取ってきます!」

　勢いで高言したペルセウスでしたが、メデューサ退治などできるわけがありません。困っていると、父である大神ゼウスが知恵の女神アテナと伝令神ヘルメスを加勢のために遣わしてくれま

1825年に出版された「Urania's Mirror」に描かれた　ペルセウス座

した。アテナ女神はどんなことがあってもメデューサを直に見てはいけない、見るなら楯に映った姿を見なさいと言って、鏡のように磨き上げられた楯と一振りの剣をくれました。ヘルメス神は一歩で何kmも空を駆けることのできるサンダルを貸してくれました。さらに、二神はペルセウスに、メデューサの首を入れる袋、かぶると姿が見えなくなる帽子を貸してくれたのです。アテナ女神とヘルメス神に付き添われ、ペルセウスはメデューサの住む島へと向かいました。

　幸運にも、島ではメデューサと2人の姉たちは昼寝の真っ最中でした。見ればあちらこちらにメデューサの魔力で石になった鳥や獣、戦士達が転がっています。一瞬、ひるんだペルセウスでしたが、勇気を振り絞って進みます。アテナの楯にメデューサを映し、用心深く進みました。異変に気づいたメデューサの髪のヘビがシュウシュウと音を立て始めた瞬間、ペルセウスの剣はメデューサの首を切り落としました。

　2人の姉たちも目を覚ましましたが、ヘルメス神の帽子をかぶっているため、ペルセウスの姿が見えません。右往左往する姉たちをあとに、ペルセウスは急いで首を袋に入れると、メデューサの血から生まれた天馬ペガススに乗り、空を飛んで島を脱出しました。

❋ アンドロメダ座ものがたり
ペルセウスとアンドロメダ

　途中、ペルセウスは、エチオピアの海岸でアンドロメダ王女を救いますが、それは、くじら座（p96）で詳しくご紹介します。

　さて、セリボス島へ戻ったペルセウスは母が王の求婚から逃れるために神殿に隠れていることを知り、王宮へと乗り込みました。王宮ではペルセウスが死んだに違いないと王と取り巻きの人々が大宴会の真っ最中でした。ペルセウスはその真ん中へ、「これがあなたの望んだメデューサの首です！」と叫んで高々と首を差し出しましたからたまりません。

　ペルセウスを邪魔にした王の一派はことごとく石になってしまいました。

　ペルセウスはその後、ラーリッサで競技に参加したおり、手元が滑って一人の老人を死なせてしまいます。実は、それは身分を隠して競技を見物していた祖父のアクリシオス王だったのでした。不幸な神の予言は成就してしまったのでした。

　その後、ペルセウスはアンドロメダ王女と結婚し、死後2人は星座に加えられたといいます。

イタリアのファルネーゼ宮殿のフレスコ画に描かれたアンドロメダ王女とペルセウス王子

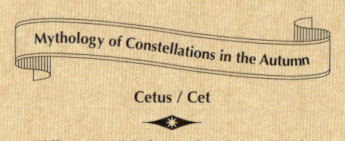

Mythology of Constellations in the Autumn

Cetus / Cet

面積 1231平方度 21時正中 11月下旬

恐竜と魚が合体したような姿の怪物
くじら座

ボーデの星図に描かれた くじら座

　バビロニア時代には「守り神」の星座と呼ばれていましたが、ギリシャに伝わって、くじら座となりました。ただし、くじら座とはいうものの私達の知っている鯨ではなく、古代ギリシャ人が考え出した怪獣の姿です。名前をティアマトといい、紀元前2300年頃のメソポタミア地方では、海の女神の名前でした。

　くじら座は、アンドロメダ座の南に横たわる、秋の星座の中では最も大きな星座です。

正中した頃のくじら座

デネブカイトス

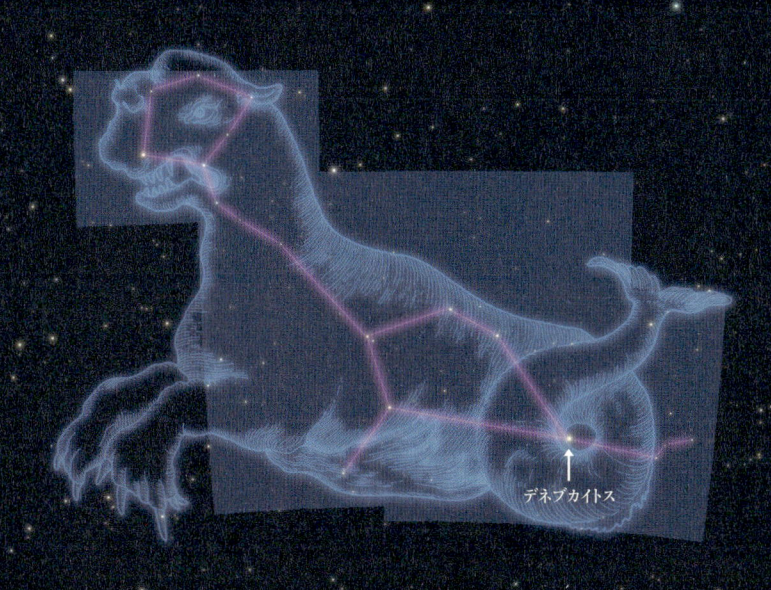

❋ くじら座の探し方

　ペガススの大四辺形の東の辺を形作る2個の星を結んで、南の方へのばして行くと、ぽつんと輝く2等星にぶつかります。これが、くじら座のしっぽに輝く星デネブカイトスです。くじら座は全天で4番目に大きな星座で、頭はおうし座のすぐ西に位置します。

　大きく裂けた口、鋭い歯、鋭い爪、2本の手があり、くじら座という名前からは想像できない恐ろしい怪物の姿の星座です。

星座図の向きに見える時期
★ 8月下旬 ……………… 3時
★ 9月下旬 ……………… 1時
★ 10月下旬 …………… 23時
★ 11月下旬 …………… 21時

秋の星座神話 ★ 95

✳︎ くじら座ものがたり

エチオピア
王家のドラマ

　昔、エチオピアの国をケフェウス王とカシオペア王妃が統治していた時のことです。2人には、1人娘のアンドロメダ姫がおりました。アンドロメダは絶世の美女で、王妃のカシオペアは、それがとても自慢でした。毎日、侍女や友人達を相手に娘の自慢話にふけっていました。

　ある日、いつものように娘の自慢話をしていたカシオペアは「海のニンフ達は美しいことを自慢にしているらしいけど、私の娘は、もっと美しいわ」と口を滑らせてしまいました。

「まあ、私達が人間に劣っているですって!」

　聞きつけた海のニンフ達は怒り、海の神ポセイドンの妃アムピトリテーにそのことを報告しました。アムピトリテーは、もともと海のニンフでしたから、すぐに夫のポセイドン神に「私達を侮辱した人間を懲らしめてくださいませ」と涙ながらに訴えました。

　愛しい妻が人間に馬鹿にされたとあってはポセイドン神も黙ってはいられません。早速、化け鯨ティアマトをエチオピアに送り込み、人々を襲わせました。

　困った王は神にお伺いを立ててみました。「おまえの妃の言葉がポセイドン神を怒らせたのだ。神の怒りを静めるには、災いの原因となった娘を化け鯨のいけにえに捧げよ」

　それが、神の答えでした。そればかりはと

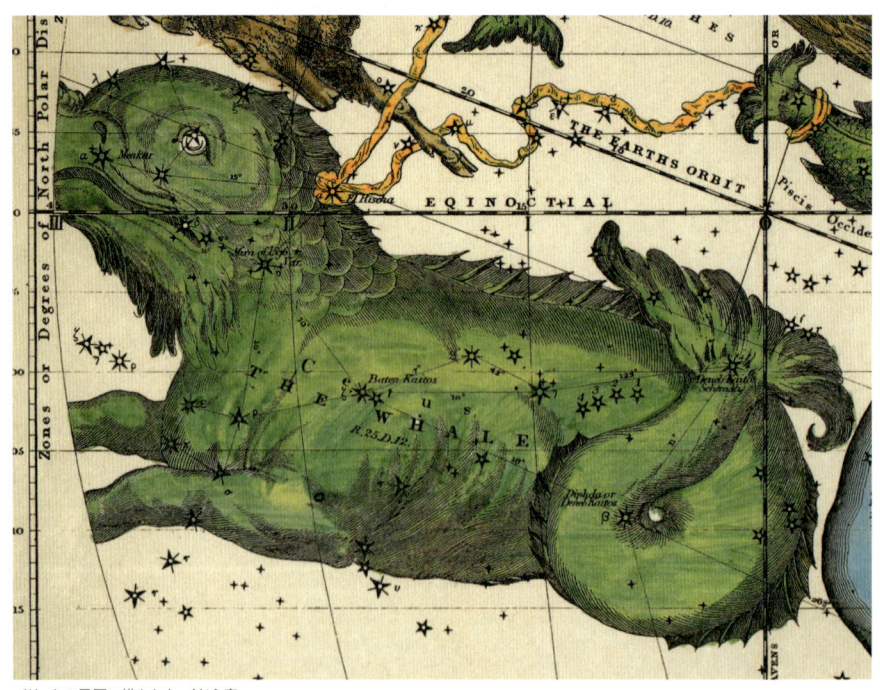

バリットの星図に描かれた　くじら座

てもできないと悩む王に「王女1人の命と我らエチオピア国民全員の命とどっちが大切だ!」と国民達は詰めより、とうとうアンドロメダ王女は、怪物のいけにえとして、海岸の岩に鎖でつながれてしまったのです。

やがて、海があわ立ち、化け鯨が姿を現しました。その体は小島ほどの大きさがあり、2本の前足には鋭く長い爪がはえ、その口は大きく裂けていました。怪物は王女めがけてまっすぐに突き進んできます。

「もうだめだ!」

海岸から様子を見守っていたすべての人々が目を覆った瞬間、怪物の前に1人の若者が立ちはだかりました。

若者の名は、ペルセウス。大神ゼウスとアルゴスの王女ダナエの息子です。ペルセウスは、魔女メデューサを退治した帰りに、鎖につながれた王女を発見し、助けに現れたのでした。天馬ペガススに乗り、化け鯨の攻撃をかわしては、剣で化け鯨に切りつけました。ペルセウスが持つのはアテナ女神の剣です。これには、さすがの化け鯨もかないません。弱ってきたところで、ペルセウスは、すかさず、魔女メデューサの首を

へベリウスの星図に描かれた　くじら座。1687年に作られたカラー版

つきつけました。メデューサは、見たものすべてを石に変えてしまう魔力を持っています。化け鯨ティアマトも石に変わると、海の底深く沈んでしまいました。

ペルセウスの父ゼウス神のとりなしでポセイドン神は怒りを収めてくれました。ペルセウスは、アンドロメダ姫と結婚し、エチオピアの王となりました。2人は立派にエチオピアの国を治め、末永く幸福に暮らしたと伝えられています。

その後、ケフェウス、カシオペア、ペルセウス、アンドロメダは星座になりました。そして、ポセイドンの命でアンドロメダを襲った化け鯨も星座となり、くじら座になったのだそうです。

化け鯨と戦うペルセウス（ピエロ・ディ・コジモ画）

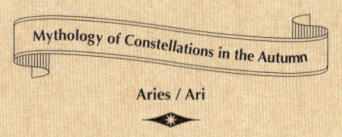

Mythology of Constellations in the Autumn

Aries / Ari

面積 441平方度　21時正中 12月上旬

星占いが発達したバビロニア時代、春分点があった星座

おひつじ座

ボーデの星図に描かれた　おひつじ座

　シュメール時代に作られた星座です。バビロニア時代には、ここに麦の穂を持つ農夫の姿を見ていましたが、フェニキア時代には、現在のような羊の姿になっていたようです。トレミーの48星座の1つで、黄道12星座の1つです。
　現在、春分点はうお座にありますが、星占いが発達した古代バビロニア時代から、紀元前150年頃に黄道12宮を設定したヒッパルコスの時代には、この星座に春分点があったため、重要視されていました。

正中した頃のおひつじ座

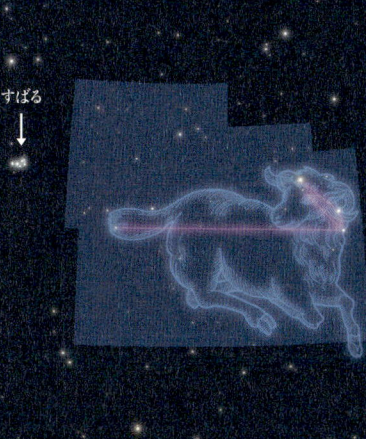

すばる

❋ おひつじ座の探し方

アンドロメダ座の南、3個の星が「へ」の字を裏返したような形に連なっているのがおひつじ座の目印です。周りに明るい星が少ないので目立ちます。星の結びからはとても羊の姿を想像できません。星空で最もその姿がイメージしづらい星座の一つと言えるでしょう。

星座図の向きに見える時期
- ★ 9月上旬 ……… 3時
- ★ 10月上旬 ……… 1時
- ★ 11月上旬 ……… 23時
- ★ 12月上旬 ……… 21時

秋の星座神話 ★ 99

✴ おひつじ座ものがたり
コルキスの国宝 黄金の羊の毛皮

　テッサリアの国王アタマースは、妃ネフェレーとの間に2人の子どもがいながら、テーベの王女イーノーに恋をし、ネフェレーを追い出して、イーノーを妃に迎えました。イーノーは最初ネフェレーの子ども達をかわいがりますが、やがて、自分の子どもができると、前のお妃の子ども達が邪魔になり、殺そうと計画を練り上げました。

　麦畑に種を蒔く前夜、イーノーは、すべての種を火であぶってしまったのです。当然、麦は1つも芽を出しませんでした。

　「悪いことの前兆に違いない」

　何も知らない国王は占師に占わせました。しかし、その占師は、とっくにイーノーに買収されていたのです。

　「神々が怒っている。前のお妃の子ども達をゼウス神へのいけにえに捧げよ」と占師は王に告げました。

　国王は迷いましたが、すでにイーノーはそのお告げを国民に広めていました。国民は王様につめより、とうとう王は、2人の子ども達をいけにえに捧げなくてはならなくなってしまいました。

　それを知った、ネフェレーは、大神ゼウスに一心に祈りました。

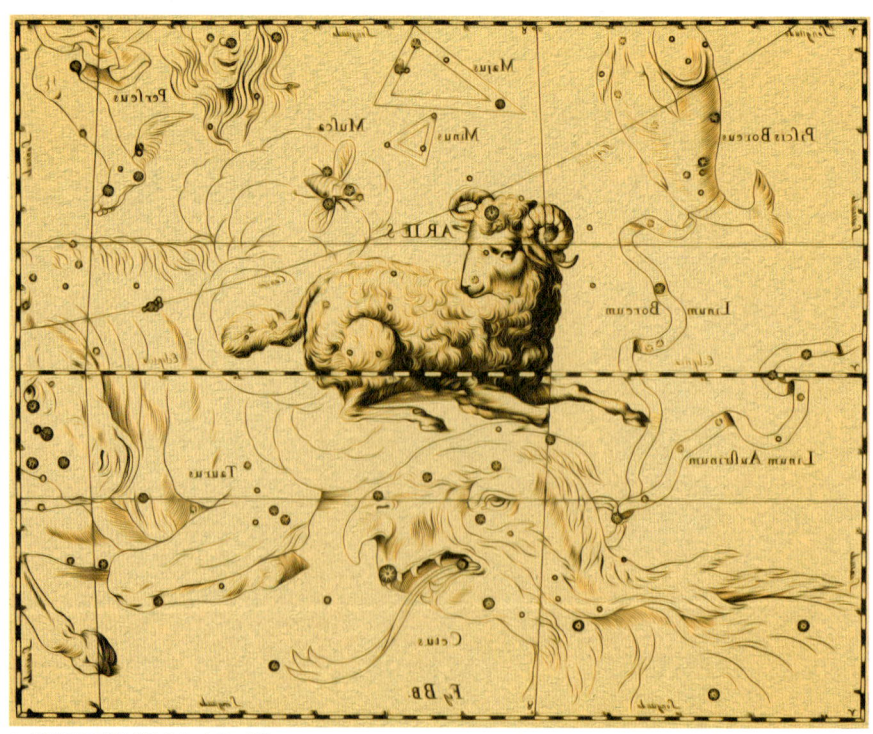

ヘベリウスの星図に描かれた　おひつじ座

「どうぞ、私の子ども達をお救いください」

哀れに思った大神ゼウスは、彼女の願いを聞き入れてくれました。2人の兄妹が祭壇上に引き出され、神官が今にも王子プリクソスを殺そうとしたとき、黄金の羊が空を飛んで現れ、2人を背に乗せると、驚く人々を残して空のかなたへと消えて行きました。

羊は、風のように空を駆けて行きました。あまりのスピードに、妹のヘレは、途中で目がくらんで海に落ちて死んでしまいましたが、プリクソスは無事にコルキスの国にたどり着いて、国王の娘と結婚して幸せな一生をおくりました。プリクソスは、大神ゼウスへの感謝を込めて、羊をいけにえに捧げ、大神の元へと戻しました。羊は、この手柄で、星座に加えられ、おひつじ座になったといいます。そして、黄金の羊の毛皮はコルキス王に献上されました。

その後、この羊の毛皮を求めて、プリクソスの従兄弟が大冒険を繰り広げることになったのです。

古代エジプトのパピルスに描かれた　おひつじ座

イオルコスの王子イアソンは、生まれるとすぐに、ケンタウルス族のケイローンの元へ預けられて育ちました。やがて、立派に成人し、国に帰ってみると、叔父のペリアースがまるで国王のように振る舞っていました。ペリアースは、「よくぞ立派になって帰ってきた。おまえが1人前の勇者になったかどうか見せておくれ。遠いコルキスの国に、黄金の羊の皮があるという。それを持ってくることができれば、おまえも1人前の国王として認められ、私も安心して王位を退くことができる」と若いイアソンをけしかけたのです。

早速、イアソンは、ギリシャ中から集めた英雄たちとコルキスへ向かいました。（アルゴ船の物語、p131参照）

大冒険の果てにコルキスにたどり着いたイアソンは、王に訳を話して、黄金の羊の毛皮を貸してくれるように頼みました。しかし、コルキス王は気が進みません。実行不可能な難題を持ち出し、それができたら黄金の羊を渡そうと約束しました。困り果てたイアソンを王女メディアが助けてくれました。メディアは、魔術に通じ、父王の命じた難題を次々に成し遂げました。

難題がすべて成就された晩、王は、イアソンが黄金の毛皮を手に入れたことを祝って、大宴会を催してくれましたが、実は、酔って眠ったイアソン達を皆殺しにしようとしていたのです。メディアは、イアソン達を起こすと、黄金の羊の毛皮を盗み出して、ギリシャへ向け出奔してしまいました。

意気揚々と凱旋したイアソンですが、待っていたのは父母が叔父に殺されたという知らせでした。イアソンはメディアと力を合わせて父母の敵討ちをしたといいます。

中央やや上に見えるのが秋の大四辺形で、地平線近くには秋の星座で唯一の1等星である、みなみのうお座のフォーマルハウトが輝いている。左の下の方にはくじら座のデネブカイトスが見える。

Mythology of Constellations in the Winter

冬の
星座神話

オリオン座を中心にした冬の星座は
たくさんの1等星が輝きとても華やかです。
それらの星座はゼウスの化身や
神々の息子たちの姿を形作っています。

✳ 冬の星座

　冬の星座には1年中で最も数多くの1等星が輝きます。また、オリオン座やおうし座など、明るい星々が作る、わかりやすい形の星座が多く、探しやすく、その姿を思い浮かべやすいのが特徴です。

　冬の星座の案内人は、淡い冬の天の川の西岸に輝くオリオン座です。3個の2等星が斜め一列に並ぶ「三つ星」と、それを取り囲む2個の1等星と2個の2等星が形作る四角形が目印です。左上のオレンジ色の1等星は「ベテルギウス」、右下の青い1等星は「リゲル」です。1等星を2つ持ち、最も形の整った星座といわれています。オリオンの下にはうさぎ座、リゲルから右方向へ星が連なっているところがエリダヌス座です。

　オリオンの三つ星を結んで右上へのばすとオレンジ色の1等星が見つけられますが、これが「アルデバラン」で、ここから小さなV字形に星が並んで

きりん

ペガスス

アンドロメダ

ペルセウス

秋の大四辺形

さんかく

プレヤデス星団
（すばる）

おうし

おひつじ

うお

アルデバラン

くじら

西

エリダヌス

デネブカイトス

ちょうこくしつ

同じような空が見える時期
★ 10月中旬 ……… 3時頃
★ 11月中旬 ……… 1時頃
★ 12月中旬 ……… 23時頃
★ 1月上旬 ……… 21時頃
★ 2月中旬 ……… 19時頃
（北緯35°付近）

くぐ
とけい

雄牛の顔が描かれています。ここがおうし座です。また、おうし座の上に輝く明るい黄色の1等星「カペラ」を含む五角形の星々がぎょしゃ座を形作っています。

　反対に、オリオンの三つ星を左下へのばすと、星々の中では最も明るく輝く「シリウス」にぶつかります。これがおおいぬ座の目印です。ベテルギウスとシリウスを結んで左へ正三角形を描くと、1等星「プロキオン」が見つかります。ここが「こいぬ座」です。

　この正三角形は「冬の大三角」と呼ばれ、その中にいっかくじゅう座が位置します。また、大三角形の上、2つの明るい星を先頭に2列に星が並んだところがふたご座です。

冬の星座神話 ★ 105

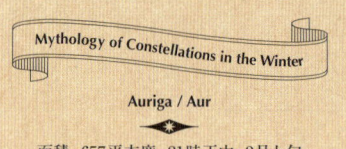

Mythology of Constellations in the Winter

Auriga / Aur

面積 657平方度　21時正中　2月上旬

1等星カペラから五角形に星が並ぶ星座

ぎょしゃ座

ボーデの星図に描かれた ぎょしゃ座

　バビロニア時代に誕生し、当時は「老人と羊」の姿の星座と見られていました。1等星カペラは、天神アヌまたは最高神マルドゥクの星として崇められたこともあります。トレミーの48星座の1つです。
　冬の天の川の中にあり、双眼鏡を向けると、星座全体が微星に覆われていてたいへん美しい星座です。1等星カペラは、全天で21個ある1等星の中では最も北に位置し、北海道の北部では一年中沈まないで見えます。

正中した頃のぎょしゃ座

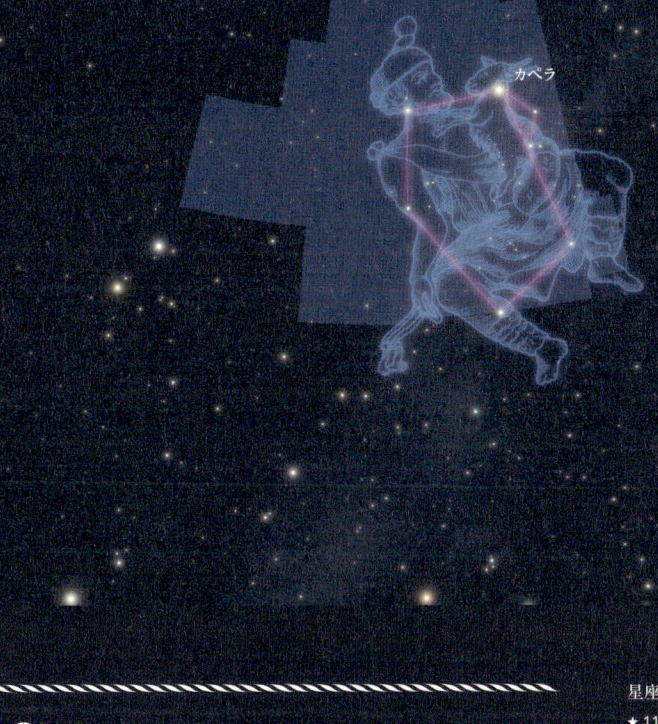

カペラ

✺ ぎょしゃ座の探し方

　初冬の北東の空高く、黄色く輝く1等星カペラが目印です。ここから将棋の駒のように五角形に星が並んだところがぎょしゃ座になります。ぎょしゃ（御者）とは、馬車に乗って馬を操る人を意味します。星座は右手に馬の手綱を持ち、左手に子山羊を抱いたアテネの王様の姿です。

星座図の向きに見える時期
★ 11月上旬 ………… 3時
★ 12月上旬 ………… 1時
★ 1月上旬 ………… 23時
★ 2月上旬 ………… 21時

冬の星座神話 ★ 107

★ ぎょしゃ座ものがたり

アテナ女神の寵児 エリクトニウス

　鍛冶の神ヘーパイストスは片足が不自由で、女神やニンフからあまり相手にされたことがありませんでした。ある時、いたずら心が芽生えた海の神ポセイドンに「知恵の女神アテナが君に恋していて、激しく求愛されるのを内心期待している」と吹き込まれ、ヘーパイストス神は有頂天になりました。美しく聡明なアテナ女神には数々の神々や巨人達が求婚していましたが、女神はそれをことごとく断っていたからです。

　そこへ、アテナ女神が楯や鎧を作ってもらおうとやってきました。ヘーパイストス神は女神に襲いかかりましたが、女神は危機一髪で逃れ、代わりに大地の女神ガイアとの間に子どもを作ってしまいました。

　ガイア女神は子育てを拒否したので、アテナ女神が代わりに子どもを引き取りました。女神は、子どもをエリクトニウスと名付けて、神聖な籠の中に隠し、アテネの国の王女アグラウロスに預けました。アテナ女神は、彼女をたいそうかわいがり、信頼していたのです。

　決して籠の中を見てはいけないと、女神に言われていたアグラウロスですが、好奇心に駆られて、ある時、そーっと籠の中を見てしまいました。そこには足の代わりにヘビ

ヘベリウスの星図に描かれた　ぎょしゃ座

の尾を持った赤ん坊が入っていました。

驚いたアグラウロスはエリクトニウスの入った籠を地面に落とし、アクロポリスの丘から飛び降りて死んでしまいました。この時、エリクトニウスは、足が不自由になったといいます。もちろん、エリクトニウスは普通の赤ん坊でしたが、アテナ女神が籠に魔法をかけていたので、アグラウロスは籠の中に怪物の幻を見ておびえたのでした。

知らせを受けた女神アテナはアグラウロスの死を悲しみ、エリクトニウスは手元に置いて育てることにしました。アテナ女神はエリクトニウスをたいへんかわいがりました。それは本当の母子以上のかわいがりようでした。そして、女神はエリクトニウスに、足の不自由さを補ってあまりあるほどの知恵を授けました。

後に、エリクトニウスはアテネの王となりました。美しく健康な肉体を愛したギリシャでは、唯一、不自由な体で王の地位についた人物です。

女神アテナを奉るパルテノン神殿

彼は、女神アテナへの信仰を人々に説きました。知恵を使ってアテネの国に善政を敷きました。市民たちに銀の利用法を教えたのも彼だといわれています。また、不自由な足を補うために戦車を発明し、それを使って自由に国内を視察し、ひとたび戦争となれば、戦車を操って、真っ先に敵陣に飛び込んでいったので、人々はエリクトニウスを讃え、彼の名は、ギリシャ中に響き渡りました。

神々の王ゼウスは、戦車を発明した功績により、彼の姿を星座に上げたといいます。それが、ぎょしゃ座です。

バリットの星図に描かれた ぎょしゃ座

冬の星座神話 ★ 109

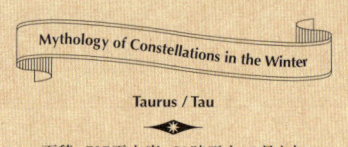

Mythology of Constellations in the Winter

Taurus / Tau

面積 797平方度　21時正中　1月中旬

ヒヤデス星団、プレヤデス(すばる)星団が形作る
おうし座

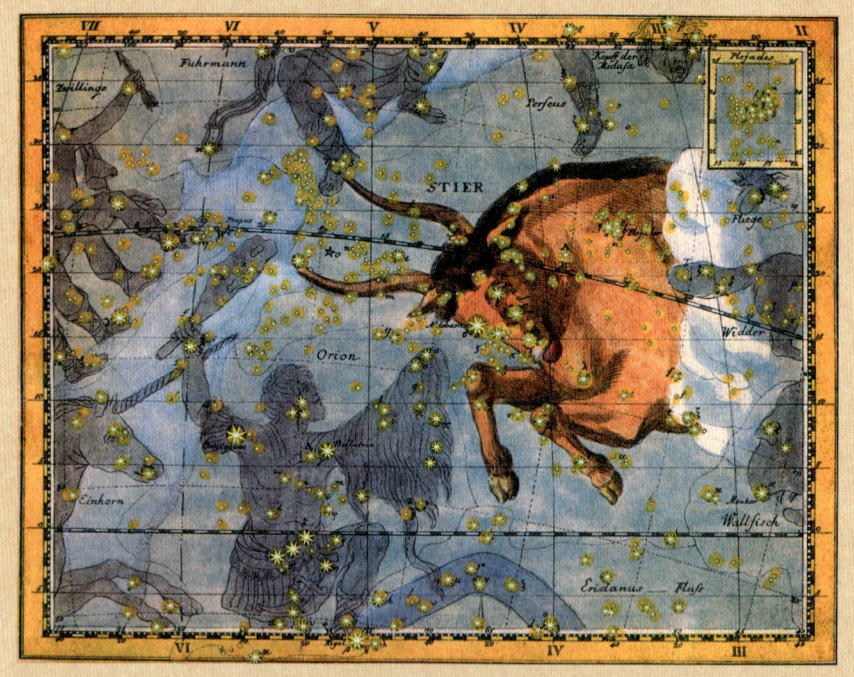

ボーデの星図に描かれた おうし座

　シュメール時代に誕生した古い星座の1つです。古代ギリシャでは、おうし座自体より、ここにある、肉眼でも見ることのできるプレヤデス星団とヒヤデス星団の方が有名だったらしく、紀元前850年頃のギリシャの詩人ホメーロスは、2つの星団の名だけを、その詩の中で高らかにうたっています。
　トレミーの48星座の1つであり、黄道12星座の1つでもあります。

正中した頃のおうし座

プレヤデス星団（すばる）
ヒアデス星団
アルデバラン

✹ おうし座の探し方

　冬の代表的な星座です。冬の宵の頃、南の空高く赤く輝く1等星アルデバランが、おうし座の目印です。ここから小さなV字形に星が並んで、牡牛の顔を形作ります。これはヒヤデス星団と呼ばれる星の群れです。その右上方向、数個の星が小さく集まって見えるのがプレヤデス星団（別名すばる）で、牡牛の肩に位置します。牡牛の上半身だけが描かれた星座です。

星座図の向きに見える時期
★ 10月中旬 ……………… 3時
★ 11月中旬 ……………… 1時
★ 12月中旬 ……………… 23時
★ 1月中旬 ……………… 21時

冬の星座神話 ✦ 111

✳ おうし座ものがたり

恋多き神
ゼウスの化身

　フェニキアの王女エウロパはとても美しく、その姿を一目見た神々の王ゼウスは、彼女に恋をしてしまいました。

　春のある日、エウロパは侍女たちと野原へ出かけました。そこには、さまざまな花が咲き乱れ、甘い香りが漂っていました。エウロパは花を摘んで冠を作ったり、首飾りを作ったり、花の中で戯れていました。

　その様子を見ていた大神ゼウスは1頭の雪のように純白な牡牛に姿を変えて、野原に現れました。いつの間にか近くに牛がいることに気づいたエウロパたちは、最初は驚きましたが、見れば、牛はとても美しく、目は優しそうに潤んでおり、おとなしそうです。エウロパは、そっと牛を撫でてみました。牛は、気持ちよさそうに撫でられています。それを見た、侍女たちも、牛を撫でてみました。やはり、牛はうれしそうです。すっかり安心した乙女たちは、牛に花の首飾りをつけたり、頭に花冠を乗せたりして遊び始めました。

　美しく飾られた牛に、興味を覚えたエウロパは、そっと乗ってみました。

　「王女様、あぶないですわ」と侍女たちは心配しましたが、エウロパは気にもとめません。野原の中をゆっくりと歩いて行きました。

ヘベリウスの星図に描かれた　おうし座

そして、海辺に着いたとたん、突然ものすごい勢いで海の中へ駆け込んだのです。
「キャー、助けて!」
　降りようにも、すでに、海の深いところまで入ってしまい、エウロパは降りることができません。悲鳴を上げながら、牛にしっかりつかまっているしかありませんでした。海岸線で泣き叫ぶ侍女たちの姿がみるみる小さくなって行きました。
　エウロパを乗せた牛の周りには、いつの間にか、海のニンフたちが集まり舞いながらついてきます。イルカやさまざまな海の生き物が、まるで挨拶をするかのように次々に海から姿を現しました。エウロパは、牛が神様の変身した姿に違いないと悟りました。
「あなたは、どなたですか?」とエウロパが問いかけると、牛は、澄んだ声で応えました。
「私は、神々の王ゼウスだ。恐れることはない。愛ゆえに、こんな姿でおまえを迎えに来たのだ」
　大神ゼウスは、クレタ島へエウロパを連れて行きました。ここは、ゼウス神が生まれたところです。ここで2人は結婚したのです。大神ゼウスはその記念に自分が変身した牡牛の姿を星座にし、おうし座が誕生したのです。
　2人の間には、3人の息子ミノス、ラダマンチュス、サルペドーンが生まれました。ゼウスが天上へ去った後、エウロパはクレタ島の王アステリオスと結婚し、幸福な一生を過ごしたといいます。大神ゼウスとの間に生まれた3人の息子達は、アステリオス王の養子として迎えられ、ミノスは、後にクレタ島の王となりました。ラダマンチュスは公正で正直な立法者として名をとどろかせ、ギリ

イタリアのファルネーゼ宮殿のフレスコ画に描かれた　おうし座

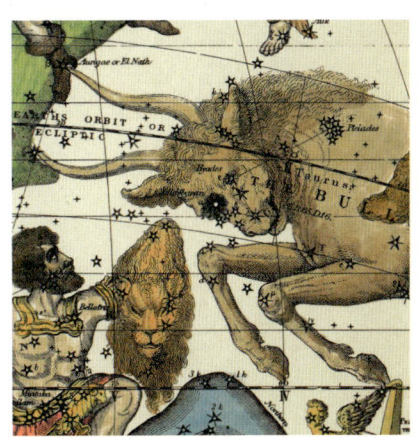

バリットの星図に描かれた　おうし座

シャ中の王が法律を学びにやってきました。ミノスとラダマンテュスは、死後、英雄達だけが行けるという楽園エーリュシオンの野に住み、大神ゼウスによって、死者が善人か悪人かを裁く冥界の裁判官に任命されたと言います。また、末のサルペドーンはリュキアの国を興し、300年にわたって生きることを許されたと伝えられています。

冬の星座神話　★　113

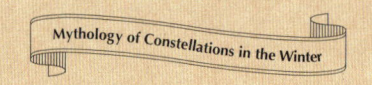

Mythology of Constellations in the Winter

Orion / Ori

面積594平方度 21時正中 1月下旬

整った形の最も親しまれている星座
オリオン座

Lepus / Lep

面積290平方度 21時正中 1月下旬

オリオンの足下に位置する小さな星座
うさぎ座

ボーデの星図に描かれた オリオン座、うさぎ座

　オリオン座は紀元前1400年頃のアッシリアでは天の狩人座として、すでに知られていました。農業の神タンムーズの姿と考えられたこともありました。

　紀元前850年頃のギリシャの大詩人ホメロスの詩の中には、1個の星、2星団、3星座の名前が出てきますが、オリオン座はその中の1つです。トレミーの48星座の1つでもあります。

　うさぎ座は、紀元前300年頃のギリシャではすでに誕生していた星座です。トレミーの48星座の1つです。

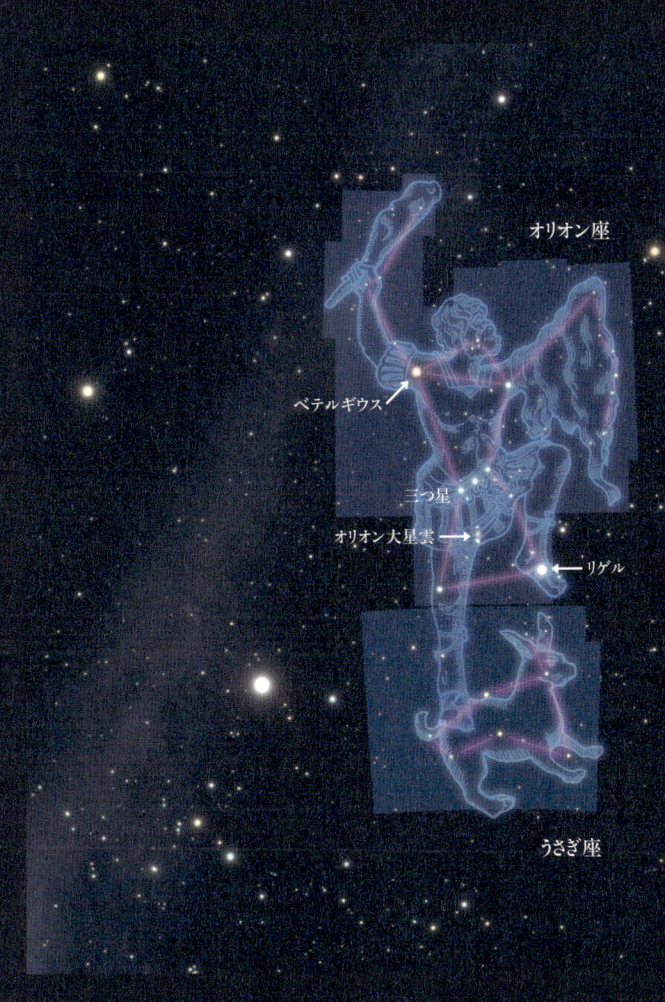

正中した頃のオリオン座、うさぎ座

すばる

オリオン座

ベテルギウス

三つ星

オリオン大星雲

リゲル

うさぎ座

❄ オリオン座／うさぎ座の探し方

　オリオン座は冬を代表する星座です。1月の宵、南の空で、2個の1等星（オレンジ色のベテルギウスと青白色のリゲル）と2個の2等星が長方形を形作り、その中央に3個の2等星がほぼ等間隔で一直線に並ぶ様子が目を引きます。ここがオリオンの体に当たり、右手にこん棒を持ち、左手で獲物の毛皮を楯のようにかざす姿になっています。足下には小さいながらわかりやすい形のうさぎ座があります。

星座図の向きに見える時期
- ★ 10月下旬 …………… 3時
- ★ 11月下旬 …………… 1時
- ★ 12月下旬 …………… 23時
- ★ 1月下旬 …………… 21時

冬の星座神話 ★ 115

✳ オリオン座ものがたり

猟師オリオンの顛末

　オリオンは、海の神ポセイドンの息子です。背が高く美男子でしたが、少し乱暴なところもありました。

　このオリオンが、キオス島の王女メローペに恋をし、彼女を妻にしたいと国王に申し込みました。そして、毎日毎日、狩りで得た獲物を彼女の元へ届けていました。でも、王女も国王も乱暴なところがあるオリオンがあまり好きになれませんでした。そこで、王は、「島を荒らしている野獣たちを一掃してくれるなら、王女との結婚を認めよう」とオリオンに返事をしました。もちろん、そんなことは到底不可能だと思っていたからです。しかし、予想に反して、オリオンは、見事にそれをやり遂げてしまいました。

　そこで、王は、何かと口実を作っては結婚を延ばし続けました。オリオンは不服ながら、それでも王の許しを待っていましたが、ある晩、お酒が入った勢いで、王女を無理矢理自分のものにしてしまったのです。

　王は激怒し、ディオニュッソス神の助けをかりてオリオンをすっかり酔っぱらわせると、眠っている間にオリオンの目をえぐりとり、彼を浜辺に放り出してしまったのです。

　盲目となったオリオンは諸国をさまよい、レムノス島で、鍛冶の神ヘーパイストスに出会いました。ヘーパイストスは足が不自由な神様です。目が見えないオリオンを気の毒に思って「太陽の神ヘリオスの館へ行きなさい。ヘリオス神の輝きをその目に受ければ、再び視力を取り戻すことができるだろう」と教え、道案内にと、1人の若者をオリオンにつけてくれました。

　言葉どおり、オリオンは、ヘリオス神の力で、再び視力を取り戻すことができました。

　その後、オリオンは、クレタ島へ渡りました。もともとたいへん腕の良い狩人でしたから、やがて、月と狩りの女神アルテミスの目にとまり、しばしば女神のお供をするようになりました。そして、いつしか、恋人同士のように、いつも一緒に狩りをする光景が見られるようになったのです。

　「アルテミス女神は

ヘベリウスの星図に描かれた　オリオン座

オリオンと結婚するつもりなのではないか」

そんな噂さえ立つようになったのです。

しかし、アルテミス女神は生涯独身を貫く使命を与えられていました。兄のアポロン神は妹が自分の務めを忘れるのではないかと心配して妹を問いただしましたが、「お兄さまはくだらない噂を信じていらっしゃいますの?」とアルテミス女神は、笑って、相手にもしません。

ある日、アポロン神は、はるか沖合いの海を歩いているオリオンを見つけました。オリオンは、父である海の神ポセイドンから、海の上を歩く力を授かっていたのです。アポロン神は、オリオンに気づかれないように、オリオンの頭を光輝くようにしました。そして、何喰わぬ顔でアルテミス女神の元を訪れると、オリオンの頭が見える海岸へ妹を連れ出し

「アルテミス、おまえは、狩りの女神などと言われて、頻繁に興じているようだが、いくらおまえでも、ほら、海の中の、あんなに遠くにある小さな光を射抜くことはできないだろう」と挑発しました。憤慨したアルテミス女神は、それがアポロン神の計略とも知らず、弓を引き絞ると、見事、その光を射抜いてしまいました。

やがて、女神は自分の矢で頭を射抜かれたオリオンの遺体が浜に打ち上げられたことを知りました。悲しんだアルテミス女神は、父ゼウス神に頼んで、恋人オリオンを星座にしてもらいました。そして、彼女が月の馬車で夜空を走るとき、いつも会えるようにしてもらったと伝えられています。

また、オリオンの足下でうずくまるうさぎ座はオリオンの獲物の姿だといわれています。

月と狩りの女神アルテミス(フォンテーヌブロー派画)

ヘリオス神の宮殿を目指すオリオン(ニコラ・プッサン画)

オリオンの死を嘆く女神アルテミス(ダニエル・セイター画)

冬の星座神話 ★ 117

Mythology of Constellations in the Winter

Monoceros / Mon

面積482平方度 21時正中 2月中旬

冬の大三角の中に位置する星座
いっかくじゅう座

Canis Major / CMa

面積380平方度 21時正中 2月中旬

全天一の輝星シリウスが輝く星座
おおいぬ座

Canis Minor / CMi

面積183平方度 21時正中 2月下旬

1等星プロキオンが目印の小さな星座
こいぬ座

ボーデの星図に描かれた おおいぬ座、こいぬ座、いっかくじゅう座

　おおいぬ座は、バビロニア時代には矢座として知られ、輝星シリウスは矢の先にある「やじり」に当たっていました。
　こいぬ座は紀元前1200年頃のフェニキアで海の犬座と呼ばれ、紀元前300年頃のギリシャの本に初めてこいぬ座の名が出現します。
　おおいぬ座、こいぬ座は共にトレミーの48星座の1つですが、いっかくじゅう座だけは1624年にドイツの天文学者バルチウスによって作られた新しい星座です。

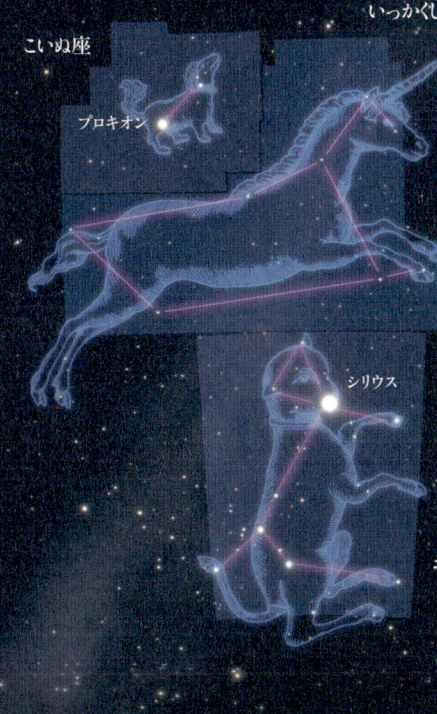

正中した頃のおおいぬ座、こいぬ座、いっかくじゅう座

こいぬ座
プロキオン
いっかくじゅう座
オリオン座
シリウス
おおいぬ座

❇ おおいぬ座／こいぬ座／いっかくじゅう座の探し方

星々の中で最も明るく輝く星シリウスが、おおいぬ座の目印です。
オリオン座のベテルギウス、おおいぬ座のシリウスと共に、冬の夜空に大きな逆三角形を描いているのが、1等星プロキオンです。これが、こいぬ座の目印です。3個の星が描く逆三角形は「冬の大三角」と呼ばれています。
この冬の大三角の中に、いっかくじゅう座が位置しています。

星座図の向きに見える時期
（おおいぬ座正中）
★ 11月中旬 ……………… 3時
★ 12月中旬 ……………… 1時
★ 1月中旬 ……………… 23時
★ 2月中旬 ……………… 21時

冬の星座神話 ✦ 119

※ おおいぬ座ものがたり

獲物を逃したことのない猟犬レラプス

　一説には、猟師オリオンの猟犬の一匹で、うさぎを追っている姿だといわれます。

　また、別の物語では、獲物を逃したことのない猟犬レラプスだともいわれています。レラプスはもともと大神ゼウスが妻となったフェニキア王女エウロパに贈った犬でした。エウロパの死後、息子のクレタ王ミノスはこの犬をアテネの王女プロクリスに譲りました。

　その頃、テーベの国では牧場や畑を荒回る1匹の悪賢い狐にほとほと困りはてていました。どんな罠を仕掛けてもその狐はいっこうに捕らえることができません。また、とてもすばしっこく、どんな犬でも捕まえることができないのです。相談を受けたアテネの王はレ

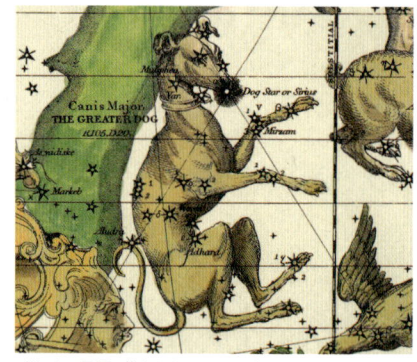

バリットの星図に描かれた　おおいぬ座

ラプスをテーベに貸してやることにしました。

　早速レラプスは狐を発見し、2匹の競争が始まりました。獲物を逃したことのない犬と、絶対に捕まらない狐は野を越え丘を越え、風のように疾走して行きます。その姿はたいへん美しく、空から見ていた神々の王ゼウスも見とれてしまいました。このままではどちらかが傷つくに違いないと思った大神ゼウスは、2匹の姿を永久に残しておきたいと考え、石に変えてしまいました。

　その後、レラプスは大神ゼウスによって星座に加えられ、おおいぬ座になったと伝えられています。

　狐の害から救われたテーベの人々がレラプスとアテネの国に感謝したことは言うまでもありません。

ヘベリウスの星図に描かれた　おおいぬ座

✴ こいぬ座ものがたり
悲しみの愛犬マイラ

　酒の神ディオニュッソスから葡萄の木を授けられ、初めて葡萄酒を作ったアテネの王イカリオスが葡萄酒を振る舞ったところ、初めて酒を飲んで酔った人々に殺されてしまったという物語をコップ座（p41参照）でご紹介しました。

　王を殺した人々は、その行いが発覚することを恐れ、遺体を松の木の根本に密かに埋めると、国外へ逃亡しました。しかし、イカリオスの愛犬マイラはその様子をじっと見つめていました。そして、イカリオスを探してやってきた娘のエーリゴネーにその場所を教えたのです。彼女は変わり果てた父の姿を発見し、絶望して、松の木の下で自ら命を絶ってしまいました。マイラは冷たくなった父娘の傍らを離れることなく鳴き続け、死んでしまいました。

　それからというものアテネの国では次々に若い娘が松の木の下で命を絶つ事件が続き、人々は神託を仰ぐことにしました。すると、神は、エーリゴネーの呪いのせいであり、イカリオスを殺した犯人を処刑しない限り災いは続く、と告げたのです。アテネの人々は世界中を探し回ってイカリオスを殺した犯人を捜し出し、アテネに連れ戻して死刑にしました。その上で、イカリオスを偲んで毎年、葡萄の収穫祭を行うこととしました。

　イカリオスとエーリゴネーの遺体を守って死んだマイラは神々によって星座となり、こいぬ座が誕生したと伝えられています。

✴ いっかくじゅう座ものがたり
聖獣いっかくじゅう

　いっかくじゅう座は、ギリシャ時代以降に作られた星座の中では唯一、伝説上の動物の姿を持った星座です。一角獣は、1本の角を持った真っ白な馬で、純真な乙女にしかその姿を見ることができないといわれています。一角獣はあらゆる病気を治し、毒を消す力を持っているとされていました。

イタリアのファルネーゼ宮殿のフレスコ画に描かれた　一角獣と乙女

ヘベリウスの星図に描かれた　いっかくじゅう座

冬の星座神話 ✦ 121

Mythology of Constellations in the Winter

Gemini / Gem

面積 514平方度 21時正中 2月下旬

明るい2つの星と2列の星の列び
ふたご座

ボーデの星図に描かれた ふたご座

　シュメール時代に作られた最も古い星座の1つです。古代バビロニア時代には、ナブー（知恵の神）とマルドゥク（バビロニアの首都バビロンの守護神）の2神の姿だと考えられていました。トレミーの48星座の1つで、黄道12星座の1つでもあります。また、ローマ時代には、船乗りの神様として崇められました。

　2つ並んだ明るい星カストルとポルックスは日本でも昔から注目を集め、めがね星、兄弟星、きんぼし・ぎんぼしなど、たくさんの名前が残されています。

正中した頃のふたご座

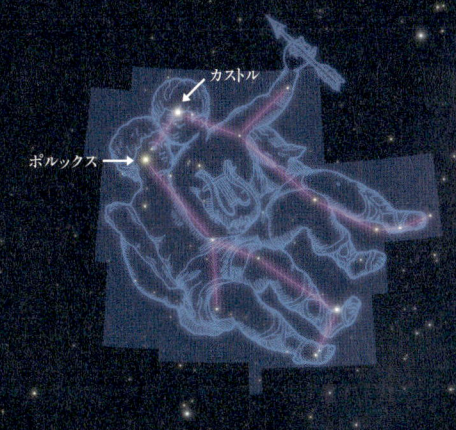

カストル
ポルックス

❊ ふたご座の探し方

　冬も終わりの頃、南の空高く、2個の明るい星を先頭に2列に星が並ぶ姿が目を引きます。これが、ふたご座です。2個の星のうち西の星カストルは2等星、東の星ポルックスは1等星に分類されていますが、見た目にはほとんど同じような明るさに感じます。

星座図の向きに見える時期
- ★ 11月下旬 ………… 3時
- ★ 12月下旬 ………… 1時
- ★ 1月下旬 ………… 23時
- ★ 2月下旬 ………… 21時

※ ふたご座ものがたり

双子の英雄
カストルとポルックス

　カストルとポルックスは、大神ゼウスとスパルタの王妃レダとの間に生まれた双子です。カストルは、荒馬を手なずけるのが非常にうまく、戦略に長けており、ポルックスは拳闘のチャンピオンでした。2人そろって、オリンピア競技では数々の優勝をさらい、さまざまな冒険に参加して、勇者としてギリシャ中に名前がとどろいていました。

　イアソンが、遠国コルキスへ大冒険の旅に出た時のことです。2人はそろって冒険に同行していましたが、途中、彼らの乗った船は大嵐に遭遇してしまいました。オルフェウス（こと座、p56参照）が堅琴を弾いて神に祈り嵐を鎮めましたが、この時、カストルとポルックスの頭上に光が輝いて見えたことから、2人は、後に船乗りの守護神と讃えられるようになったのです。

　嵐の時、帆船の高いマストの上で炎がちらちら燃えているように見えることがあります。この現象は「セント・エルモの火」と呼ばれているものですが、これは、双子の仕業とされ、この火が見えると、すぐに嵐は収まると言い伝えられています。

　さて、彼らにはイーダスとリュンケウスという双子の従兄弟がいました。イーダスは力

ヘベリウスの星図に描かれた　ふたご座

が強く、リュンケウスはすごい眼力の持ち主でした。なにしろ、真っ暗闇でも物を見ることができるばかりでなく、地中に埋められた宝物さえ見ることができたといいます。コルキスから戻ったカストルとポルックスは、この従兄弟たちと争うことになってしまったのです。

ことの発端は、2組の双子が牛を捕まえに行った時のことです。4人は協力して見事にたくさんの牛を捕まえましたが、いざ、その分配をする時のこと。

「1頭の牛を4等分し、1番速く食べ終わった者が半分、2番目の者が残りの半分を手に入れることにしよう」とイーダスが提案しました。他の3人もおもしろがって賛成し、3人がいざ座って食べようとした時、イーダスはすでに自分の分を食べ終わっており、リュンケウスの分も手伝って食べると、カストルとポルックスがまだ食べているうちに牛を全部連れて帰ってしまったのです。

怒ったカストルとポルックスは、従兄弟の家へと向かいました。2人がやってくるのを遥か彼方から見つけたリュンケウスは、イーダスに位置を教えて槍を投げさせました。槍は見事に、カストルの体を貫いてしまったのです。カストルの死に茫然とするポルックス。その間に、イーダスとリュンケウスはポルックスの傍らまでやってきてしまいました。イーダスは、近くにあった墓石を引き抜いて殴りかかりますが、ポルックスは、そのよけざまに、リュンケウスを槍で貫きました。イーダスは、それを見て、突然恐怖に襲われ逃げ出しました。

その時、初めて戦いに気がついた大神ゼウスは、逃げるイーダスにいかづちを投げ

バリットの星図に描かれた ふたご座

つけて殺してしまいました。

ポルックスは、カストルの死を悲しみ自殺しようとしました。しかし、運命は過酷でした。カストルが、母の血を濃く受け継いでいたのに対して、ポルックスは、父の血を濃く受け継ぎ、永遠の命を持っていたのです。ポルックスはどうやっても死ぬことができませんでした。

「父神ゼウスよ、最愛の兄弟を失っては、生きて行く力がありません。私も、カストルの所へ行かせてください。それができないなら、あなたの息子カストルをもう一度生き返らせてください。そのためなら、私の命を捧げます。」

悲痛な祈りを聞いた大神ゼウスはポルックスの心に打たれました。そして、世の中の兄弟姉妹のすべてが2人を手本とし仲良くするようにと、2人を星座にしたのだそうです。

冬の星座神話 ★ 125

明るい星がたくさん輝き、にぎやかな冬の星空。1番明るく輝くのがおおいぬ座のシリウスで、その上の方にはオリオン座、おうし座、ぎょしゃ座、左にはふたご座がある。

Mythology of Constellations in the World

その他の
星座神話

本編で紹介していない
星座にまつわるギリシャ神話や、
さまざまな国に伝わる興味深い星座神話、
星座物語、宇宙観などを紹介します。

その他の星座神話

全天には、全部で88個の星座があります。これらの中には、15世紀以降作られたために、星座にまつわる神話、伝説が全く見当たらないものもあります。しかし、88星座の半分以上は、ギリシャ時代から伝わる古い星座で、それらにはさまざまな神話が伝わっています。ここでは、本編でふれなかった星座物語のいくつかをご紹介しましょう。

✹ エリダヌス座

　フェートンは太陽の神ヘリオスの息子で、母と2人で暮らしていました。ある時、友人たちから父親がいないことをからかわれ、いくら太陽神ヘリオスが僕の父だと言っても、まったく信じてもらえませんでした。悔し涙に暮れながら、フェートンはヘリオス神に会いに行こうと決心しました。

　ヘリオス神の住む神殿は世界の東の果てにあります。苦労をしましたが、父に会いたい一心で、フェートンはヘリオス神の神殿にたどりつきました。

　立派になって、1人ではるばる遠くから会いに来た息子をヘリオス神は喜んで迎え入れました。父がいなくて寂しかったと語るフェートンを不憫に思った神は、何か望みがあるなら叶えようと約束してくれました。フェートンは喜んで、ヘリオス神が太陽を乗せて毎日空を横切る太陽馬車に乗りたいと言い出しました。驚いた神は何とか別の願いに変えさせようとしましたが、フェートンはまったく聞き入れません。太陽は熱く、馬車を引く馬は気性が荒く、ヘリオス神でさえ操るのが難しい馬車です。1人乗りのためヘリオス神が同乗することもできません。しかし、神が約束を破ることはできず、しかたなく、フェートンを太陽馬車に乗せることになりました。

　朝が来て、太陽馬車は東の地平線から空へ駆け出しました。フェートンが太陽の熱で焼かれないようにヘリオス神が特製の薬をつけてくれましたが、太陽の熱さは想像以上で、今更ながら、フェートンは父の助言に従うべきだったと後悔していました。その頃、気性の荒い馬たちは乗り手がいつものヘリオス神でないことに気づき、御者の言う

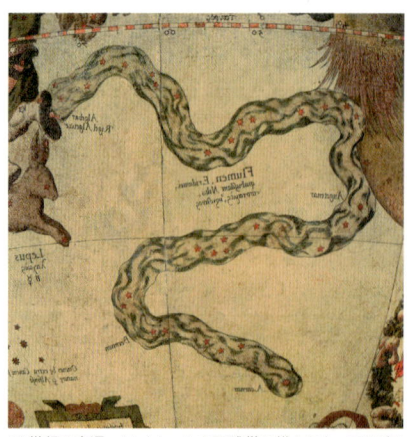

16世紀の中頃、メルカトールの天球儀に描かれた　エリダヌス座

ことを聞かず、道からはずれ始めました。空にいる恐ろしいライオンが吠え立て、サソリが毒針で攻撃してきました。驚き、慌てたフェートンは手綱を落としてしまったため、馬たちは好き勝手に空を駆け出しました。地上近くに降りたかと思うと天高く昇り、地上も天上の世界も太陽に焼かれて大火災となりました。見かねた大神ゼウスは雷を放って太陽馬車を破壊し、フェートンの体は炎に包まれ、真っ逆さまにエリダヌス川に落ちて行きました。

フェートンの遺骸を優しく受け止めた川が星座になったのがエリダヌス座です。

✷ みなみのうお座

豊穣の女神デルセトは、愛と美の女神アフロディーテとはとても仲が悪かったといいます。

ある時、アフロディーテ女神は自分を敬わないデルセト女神を懲らしめてやろうと考え、デルセト女神に愛の魔法をかけました。このため、デルセト女神は人間の若者と恋に落ち、結婚して子どもまでもうけますが、そこで魔法が解けたのです。我に返ったデルセト女神は、アフロディーテ女神に操られ人間を愛した自らの行為を恥じ、夫を殺し、子どもを捨てて、湖に飛び込んで魚になってしまったと伝えられています。この魚の姿が星座になったのがみなみのうお座です。

✷ や座

や座は、キューピットの愛の矢だとか、英雄ヘラクレスが誤って友人ケイローンを貫いた矢（p52参照）だとか、太陽と音楽の神アポロンがサイクロプスを殺した矢だとか伝えられています。

サイクロプスは天空の神ウラノスと大地の女神ガイアの間に生まれた3人の一つ目の巨人です。3人共に城壁作りや鍛冶の技に優れていましたが、ウラノス神に嫌われ、奈落の底のタンタロスに幽閉されていました。それを大神ゼウスが解放したことから、彼らはゼウス神に雷を作って贈りました。

その後、3人は鍛冶の神ヘーパイストスの元で大神ゼウスのために雷を作っていました。ある時、アポロン神の息子アスクレーピオスが死人を生き返らせた事から、世の秩序を乱すとして大神ゼウスは雷を投げてアスクレーピオスを殺しました。しかし、それに憤ったアポロン神は腹立ち紛れに、雷を作ったサイクロプスを矢で射殺してしまいました。

この蛮行に怒った大神ゼウスは償いとしてアポロン神を地上に落とし、1年の間、テッサリア地方のペライの国の王に仕えることを命じました。

ヘベリウスの星図に描かれた　みなみのうお座とつる座

✸ うしかい座

　うしかい座は大神ゼウスとニンフのカリストの息子アルカスの姿とされています（p33参照）が、一説にはタイタン族のアトラスの姿であるともいわれています。

　天空の神ウラノスと大地の女神ガイアの子ども達が巨人のタイタン族です。タイタン族の1人である時の神クロノスは父神ウラノスを殺して世界を支配し、また妃レイアとの間に、ギリシャ神話で大活躍するゼウス神をはじめとする7人のオリンポスの神々を生み出しました。しかし、クロノス神はオリンポスの神々をも殺そうとしたため、ゼウス神を中心に立ち上がったオリンポスの神々は10年にわたってタイタン族と激しい戦いを繰り広げ、ついに勝利して、ほとんどのタイタン族を世界の果てに追放しました。

　戦いの首謀者の1人アトラスは捕らえられ、罰として天を担がされることになったのです。気の遠くなるような長い年月、重い天を担いだまま体を伸ばすことも姿勢を変えることもできず、アトラスは疲れ果ててしまいました（たった1度、ヘラクレスが短い間、アトラスの代わりに天を支えたことがありました。p48参照）。

　そこを通りかかったのがペルセウス（p92参照）です。魔女メデューサを退治に行く途中でした。アトラスはペルセウスを呼び止めると、首尾良くメデューサを退治したら、私にメデューサの首を見せてもらえないだろうか、と頼みました。「そんなことをしたらあなたは石になってしまいますよ」とペルセウスは驚きました。しかし、アトラスは天を担ぐのに疲れ果て、石になりたいのだと説明したのです。メデューサ退治に成功したペルセウスは約束どおりアトラスの元へやってきました。そして、メデューサの魔力でアトラスを石に変えてやりました。

　アトラスは長い間天を支えた功績で星座に上げられ、うしかい座になったといいます。

✸ プレヤデス星団

　タイタン族のアトラスとプレイオネーの間には7人の美しい娘たちがいて、プレヤデス姉妹と呼ばれていました。彼女たちは狩りと月の女神アルテミスの侍女で、ある夜、森の中で踊りに興じていると、突然、狩人オリオンが姿を現し、乱暴しようとしました。驚いた姉妹は一目散に逃げ出し、アルテミス女神の神殿に駆け込んで、女神に助けを求めました。アルテミス女神は銀の衣を広げてその中に姉妹を隠してやりました。やがてオリオンがやってきて姉妹の姿を探しますがどこにも見当たりません。しかたなく引き返していったあと、女神が衣を広げるとプレヤデス姉妹は鳩になって大空高く飛んで行き、星となりました。これがプレヤデス星団なのだそうです。

東天に昇ったプレヤデス星団（すばる）とその拡大図

✹ アルゴ船の物語

アルゴ船座は古い星座で、トレミーの48星座の1つにも数えられていましたが、18世紀フランスの天文学者ラカイユが4つに分割してしまい、現在は存在していません。しかし、そこには壮大な冒険物語が伝えられています。

イオルコスの国では国王クレーテウスの死後、ペリアースが異母弟で正当な王位後継者アイソン王子とその妃を幽閉し、国を奪ってしまいました。アイソンの妃はまもなく王子を生みましたが、ペリアースに殺されることを警戒して、生まれた息子を密かにケンタウルス族の賢者ケイローンに預けました。子供はイアソンと名付けられ、ケイローンによって大切に育てられたのです。

たくましい若者に成長したイアソンに、ケイローンは初めて出生の秘密を打ち明けました。イアソンは早速イオルコスへ戻ると、叔父のペリアースに国を返すよう迫りました。イアソンの存在を知らなかったペリアースは最初、驚きましたが、ペリアースはどこまでも老獪でした。イアソンを大歓迎するふりをし、王権もイアソンに返そうと約束しました。「ただ、おまえに打ち明けなければならないことがある」とペリアースは切り出しました。「実は、この国にはテッサリアの王子プリクソス（p100参照）の呪いがかかっていて、みんなが苦しめられている。彼はおまえの従兄

ヘベリウスの星図に描かれた　アルゴ船座

世界の星座神話　✦　131

イタリアのファルネーゼ宮殿のフレスコ画に描かれた アルゴ船座

弟だ。その呪いを解くには遠国コルキスで彼が国王に贈ったという黄金の羊の皮をこの国に持ってこなければならないと、神のお告げがあったのだ。私が若ければ自分で行くのだが、なにぶん、こんな年寄りだ。代わりにおまえが行ってきてくれないか?」ともちかけたのです。純粋で怖いもの知らずのイアソンは国を救うためならと、コルキス行きを二つ返事で承諾しました。

イアソンはまず、ギリシャ中の宮廷に使者を送り、いっしょにコルキスに行く勇者を募りました。これに呼応して50人の名だたる英雄達がイアソンの元に集まりました。その中には、後にふたご座となったカストルとポルックス、ヘルクレス座となったヘラクレス、こと座の物語の主人公オルフェウスも含まれていました。

また、イアソンは船を作ることに長けたアルゴスに頼んで巨大な船を建造してもらい、彼にちなんで、この船をアルゴ船と名付けました。

イアソンと50人の英雄達はアルゴ船に乗り込み、意気揚々と港を出奔して行きました。一方、見送るペリアースはイアソン達が二度と国に戻ってくることはないだろうと、内心ほくそ笑んでいました。何しろコルキスは東の果てにあり、途中には数々の困難が立ちはだかっていると予想されたからです。

イアソンらは補給のたびに立ち寄った国々、島々で怪物を退治したり、大歓迎を受けたり、さまざまな冒険を繰り広げました。最初に到着した島は女性しか住んでいませんでした。男達が他の国を襲っては女性を誘拐してきて妾にするのに耐えかねた女達は暴動を起こし、すべての男を殺してしまったのでした。島の女達はたくましいアルゴ船の乗員を大歓迎しました。そして彼らとの子どもを作りたがったのです。ヘラクレスが力ずくで乗員を船に引き戻さなかったら、アルゴ船の旅は終わってしまっていたことでしょう。

途中では、行方不明になった友人を捜すヘラクレスが置き去りにされたり、神の怒りを買い船が難破しそうになったこともありました。サルミデッソスでは、あまりに正確に未来を予言することから神々の王ゼウスに嫌われ、盲目にされた上、ハルピュイアという鳥の怪物に苦しめられている老人ピーネウスに出会いました。ハルピュイアはピーネウスが食事をしようとするとやってきて食い散らかし、残りは汚してしまうのでひどい悪臭がして食べることができません。そのため、ピーネウスはやせ細っていました。アルゴ船の勇士たちはハルピュイアを退治してや

りましたので、喜んだピーネウスはさまざまな知恵を授けました。

　最も重要だったのが、今回の航海の最大の難所シュムプレガデスの岩を通り抜ける方法でした。この岩は、常に霧に包まれたボスポラス海峡の入口にあって、船が通過しようとすると両側の岩が閉じて船を砕くという難所です。知らずに通過しようとした船が一体どれほど破壊されたでしょう。イアソンたちはピーネウスの助言にしたがって、岩の手前で1羽の鳩を飛ばしました。鳩を挟もうと閉じた岩が再び開いた瞬間、全員が力を合わせ、全力で船をこぎ、岩の間に突入しました。再び閉じてきた岩に船尾がほんの少し挟まれ欠損しましたが、無事に岩の間を通過することができました。

　やっとたどり着いたコルキスではイアソンに一目惚れした王女メディアの助けを得て、黄金の羊の毛皮を手に入れることができました（おひつじ座、p100参照）。

　帰路でもさまざまな困難が待ち受けていました。美しいセイレーンの歌声を聞いた者は魔力に惑わされ、海に飛び込んで死んでしまうというセイレーンの島を通過する時は、オルフェウスが対抗して歌を歌い、セイレーンの魅力に打ち勝ち無事に通過できました。

　しかし、せっかくシシリー島まで帰ってきたアルゴ船でしたが、突然嵐が起こりリビアのサハラ砂漠の真ん中まで船が運ばれてしまったのです。12日間も砂漠の中を船を運び、ようやく湖にたどり着きましたが、今度は出口が見つかりませんでした。イアソンはアポロン神に助けを求め、アポロン神と海の神トリトンの助力によって、アルゴ船は海に戻ることができました。クレタ島では鍛冶の神へーパイストスが造った青銅の巨人タロスが島への上陸と物資の補給を拒みましたが、コルキスから同行した王女メディアが魔法の力でタロスを倒し、イアソン達を助けました。

　イアソンが無事故国イオルコスに帰り着いたのは出航から数ヶ月後のことでした。ペリアースはイアソンが死んだものと思い、幽閉していたアイソン夫妻を殺害していました。イアソンはそれを知ると、メディアと力を合わせて父母の敵を討ったといいます。

　また、イアソンはアルゴ船を海の神ポセイドンに捧げ、ポセイドン神がこれを星座にしたと伝えられています。

アルゴ船　（ロレンツォ・コスタ画）

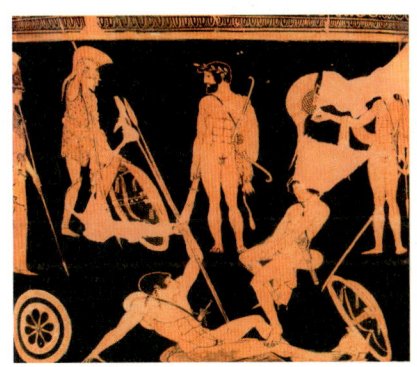

古代ギリシャで描かれたアルゴ船の英雄たち

世界の星座神話　★　133

各国に伝わる星座物語

この本では、星座にまつわるギリシャ神話を中心にご紹介してきましたが、星座にまつわる物語は、何もギリシャ神話だけではありません。世界中のさまざまな国で、そのお国柄を反映したさまざまな物語が語り継がれています。ここでは、その中からいくつかの物語をご紹介したいと思います。

※ ロシアに伝わる星座物語

真心の星 北斗七星

むかし、むかし、たいへんな日照りが村々を襲ったことがありました。ある日、村の少女が1人、ひしゃくを手に、さまよい歩いていました。少女の母は病気で熱があり、水を欲しがっていたのです。しかし、どこにも水などありません。疲れ果てた少女は、とうとう道ばたに倒れてしまいました。

ふと気がつくと、手にしたひしゃくの中に水がいっぱい入っているではありませんか。少女は喜んで、もと来た道を引き返し始めました。すると、やせ細った子犬がよろよろ歩いてきました。かわいそうに思った少女は、ひしゃくの水をほんの少しだけ分けてあげました。すると、ひしゃくは、銀に変わり、美しく輝き始めました。少女は一目散に家に帰りました。

戻ってきた娘の持っているひしゃくを見て母親は驚きましたが、優しく言いました。
「かわいそうにのどが渇いただろう。私なんかより、その水はおまえがお飲みなさい」
すると、ひしゃくは黄金に変わりました。と、そこに、みすぼらしい姿の老人が入ってきました。
「お水を一口飲ませてくださいませんか」

北斗七星、ロシアでは真心の星として親しまれている

それを見た少女の母親は「気の毒に。私の分をお年寄りにあげて、残りは、おまえがお飲みなさい」と言いました。母の言葉に従って、少女が水を老人の前に差し出した時です。ひしゃくから泉のように水がわき出し、それと共に7つのダイヤモンドが飛び出してくると、空に昇って星座になりました。いつの間にか老人の姿はなく、声だけが響いてきました。「あの7つの星は、あなた方の真心の星です。あの星々が夜空に輝く限り、あなた方の美しい行いは語り継がれることでしょう」

村人達がみんな思う存分水を飲んでもまだ水は溢れ続け、そして、村は干ばつから救われたのでした。

オリオン座とおおいぬ座の南に輝くカノープス（矢印）

★ 日本に伝わる星座物語

西春坊の星カノープス

むかし、房総半島の先端に小さな村がありました。人々は漁をして細々と暮らしていましたが、毎年、冬になると海が突然しけて、村人が何人も死にました。若いお坊さん西春は、このことを悲しんで、ある時、村人を集めて告げました。「私は、生きたまま埋葬されて、仏になります。そして、星となってみなさんに天気を知らせましょう。もし、南の空低く、私の星が現れたら、海がしける前触れですから、決して漁に出ては行けません」泣いて引きとめる村人達にそう言い残すと、西春は、自ら地面に掘った穴の中に入り、悲しむ村人に、天井を閉じさせました。数日の間、穴からは、お経の声が響いてきましたが、やがてそれが聞こえなくなり、そして南の空低く、明るい星が現れました。村人は、西春が星になったことを悟りました。

西春の言葉どおり、その星が空に現れると、必ず、海が荒れました。西春の星が天気を教えてくれたので、村人達は安心して漁に出られるようになり、それからは嵐で命を落とす人もいなくなったといいます。

西春の星は、オリオン座の遥か南に位置するりゅうこつ座の1等星カノープスのことです。

※ ニュージーランドに伝わる星座物語

島を釣ったマウイ
さそり座

　マウイは、3人兄妹の末っ子で、兄たちは、いつもマウイを子ども扱いし、いじわるばかりしていました。

　気の優しいマウイは、身よりのない1人の魔法使いのおばあさんの面倒を親身になって見ていましたが、ある日、死期を悟ったおばあさんはマウイに「私が死んだら、顎の骨で釣り針を作りなさい」と言い残すとほどなく死んでしまいました。

　マウイはおばあさんの言葉どおりに釣り針を作り、釣りに出かける兄たちの船にこっそり隠れて乗り込みました。沖に出てからマウイがいることに気づいた兄たちは怒りましたが、今さら帰すわけにもいきません。しかたなく、兄たちはマウイを放ったまま、釣りをし始めました。マウイもやおら釣り針を取り出すと、そのまま海に投げ入れました。

　すぐに、マウイの針に、何かがかかりました。それは、ものすごい力で引っ張るので、兄たちも一緒になって引き上げると、なんと大きな島でした。島はなお暴れ続けたので、糸が切れ、マウイの釣り針は天に引っかかってしまいました。これがさそり座だといいます。

　その衝撃で、マウイの兄たちは、海に投げ出されて死んでしまいました。1人になったマウイは、必死にがんばって、島をロープで縛り、おとなしくさせました。こうして、ニュージーランドの島が誕生したといいます。

南に輝くさそり座　Sの字に曲がった姿をニュージーランドのマオリ族の人たちは大きな釣り針に見立てた

※ 世界各国に伝わる星座物語

天の川の伝説

　天の川については世界各国でさまざまな伝説が伝わっていますが、その多くは「川」「道」の姿だと伝えています。

　ギリシャ神話によれば、これは、ミルクの道なのだそうです。ヘラクレスは神々の王ゼウスとアルゴスの王女アルクメネーの間に生まれました。アルクメネーは大神ゼウスの妃であるヘーラ女神の憎しみを恐れて生まれたばかりの子どもを城外の野原に捨てましたが、大神ゼウスに命じられたアテナ女神は何も知らないヘーラ女神をそこへ連れ出し、捨て子に乳を与えるように勧めました。ヘーラ女神はかわいそうに思い、乳を与えましたが、この時、ヘラクレスがあまり強く乳を吸ったので、痛さのあまりヘーラ女神はヘラクレスを放り出しました。ヘーラ女神の胸か

らほとばしり出た乳が天の川になったといわれています。そして、ヘーラ女神の乳を吸ったヘラクレスは不死身の体になったといいます。アテナ女神はヘラクレスをアルクメネーに返すと大切に育てるよう告げました。

あるいは、大神ゼウスが伝令の神ヘルメスに命じてヘラクレスをオリンポスの神殿まで連れてこさせ、眠っているヘーラ女神の乳をヘラクレスに吸わせましたが、ヘラクレスが強く乳を吸ったので、驚いて飛び起きたヘーラ女神は赤ん坊を押しのけ、この時、ほとばしり出た乳が天の川になったともいわれています。

エジプトではナイル川が天の川に続いていて、国を潤すナイルの水は天からやってくると考え、天の川を「天のナイル川」と呼んでいました。同じようにバビロニア地方の国々では天のユーフラテス川、インドでは天のガンジス川と呼んでいたといいます。

オーストラリアの先住民アボリジニの伝説でも、天の川は天を流れる川でした。天の川の中で明るく輝く星はそこにすむ魚、小さな星々は魚のえさだと伝えています。あるいはまた、雨と雲の精霊ワラガンダの姿だとも伝えられています。ワラガンダが天に昇って天の川になったのだそうです。

また、エジプトでは、女神イシスが神セトに追われて逃げた時に、道々こぼした麦の穂が天の川になったとも伝えられています。

ロシアでは天の川を鳥の道と呼んでいました。ロシアにあるウラル山脈の南の谷に、毎年、夏になるとたくさんの鶴が渡ってきました。鶴は夏の間にその谷で卵を産み、子育てをし、秋になると生まれた子どもたちを伴って、南の国へと帰っていくのです。ところが、ある年、とても気候が悪く、鶴はなかなか南の国へ帰ることができずにいました。なんとか天気の良い日を選んで南の国をめざして飛び立ったのですが、途中で激しい嵐に遭ってしまいました。子どもの鶴は、群れから遅れ、方向も見失って、中には、力つきて地上に落ちて行くものもいました。それを見た親鳥たちは子どもたちに道を示そうと、自分たちの羽を抜いて天にまき散らしたのです。羽は星になり、輝き出しました。子どもたちはこの星の道をたどりながら南の国に無事たどりつくことができました。この星の道は、のちに鳥の道とか天の川と呼ばれるようになったといいます。

タイでは天の川のことを鳥ではなく「豚の道」と呼ぶそうです。

また世界の各地で天の川は、魂の通り道、精霊の道とも考えられていたようです。天の川は亡くなった人の魂が天国へ至る道だという物語が伝わっています。日本にもそんな伝説が伝わっているところがあります。

天の川のパノラマ写真

夏の天の川
空が暗く澄んだところでは白い雲の帯のように見える。昔の人たちは乳の道、天から地上につながる川の姿などと考えていた。

✹ 日本に伝わる星座物語
星の降る池

　日本各地に星座についての昔話は存在しますが、その中で新潟県北部の旧神林村（現村上市神林地区）に伝わる話を紹介しましょう。

　旧神林村というところには、「星の降る池」という伝説があり、国内の他の地域ではあまり聞くことのない多くの星座が登場することが分かっています。中村忠一さんが昭和10年頃にまとめた「岩樟舟夜話（いわくすぶねやわ）」の中に登場する短い話で、この物語の舞台は、旧神林村の大池という小さな池でした。

新潟県村上市新保の大池に輝く「おおかみ星（おおいぬ座のシリウス）」

　物語は、見事なまでの夜の静寂に満ちた情景描写から入って行きます。「流れ星」は人が死んで極楽に行ったしるし、水面から天に延びた「極楽の道」は冬の天の川を示しています。そこには冬、あるいは晩秋の夜半に見せる星空の様子が記述されています。ここに全文を紹介します。

「星の降る池」

　むかし、むかし、松林に囲まれた新保の大池には星が降るといわれていたそうです。

　星はすべてが生きていて、人が寝静まった頃には、この神秘な世界が寂しさや沈黙の中に目を覚まします。そんな時は、泉の音が耳をつき、池には小さな炎が燃え、林の中のすべての精が星の精と話し始めるのです。すると、池の底の小さな光から、長い湿っぽい叫び声が大きく光っている星の方へ近づいて行きます。そして、その叫びが一つの光を運んで、息でもするように大池の底へ飛び込んでしまう…。こんな時、里人は「星が流れるのは里人の誰かが極楽にはいったしるしだ。だから、仏様の後光に打たれたと同じように、手を合わせて拝むと幸せになるんだ」と言っていました。

　この大池の真上に続いている星々が「極楽の道」という星の群で、あの星達は地獄から極楽まで続いているといわれています。そこからずっと離れたところに見えるのが「魂の車座」、その前を歩いている三つの星は「三匹の馬星」で、三番目の星のそばにいるあの小さな星が「馬子星」です。その周りに星が雨のように降っているのが見えますが、あれ

冬の大池の上に輝くオリオン座とおおいぬ座

　らはみんな、人々の魂で、仏様が自分のそばに置けないものは、みんなあそこにばらまいてしまわれるので、なかなか極楽に行けない星だといわれています。

　それから少し下の方にある三つの星、あれは、「熊手星」といって時刻が分かる星で、その下に、いつも南の方に出ていて、たいまつのように光り燃えている星を「おおかみ星」といっています。

　「おおかみ星」にはこんな話が伝わっています。

　ある晩のこと、あの「おおかみ星」が、「熊手星」や「うぐいすのかご星」らとともに、友達の星の祝言に呼ばれました。気の早い「うぐいすのかご星」は、高い上の方の道を通って、真っ先に出かけました。「熊手星」は、もっと下の近道を歩いて「うぐいすのかご星」に追いついてしまいました。ところが、なまけ者の「おおかみ星」は遅くまで眠っていたので、いちばんあとに残ってしまいました。「おおかみ星」は怒って先に立っている星を止めようとして杖を投げました。ですから、「おおかみ星」と「熊手星」の間の星を「おおかみの杖」ともいっています。

　星の輝く時は、本当に空が深く見え、大池の底もずんずん深くなって、いくつもの星々が降り注いで行きます。そのたびに、一人一人の魂が極楽に行くといわれています。

冬の大池で羽を休める白鳥、沈みかけるオリオン座

（中村忠一氏が記した「星の降る池」の全文を現代風に加筆）

解説：「魂の車座」は北斗七星の四角い部分、「三匹の馬」は北斗の柄の3つの星、「馬小（まご）星」は北斗の柄の先から2番目の星にくっついている4等星「アルコル」です。「おおかみ星」は、中国で天狼星とも呼ばれているように、全天で最も明るい星「シリウス」を指しています。「熊手星」（オリオン座の三ツ星）といった名の通った星座もあります。

この物語の圧巻なところは、後半部分です。

星座たちは友人の星の祝言に呼ばれます。空高く輝く「うぐいすのかご星」（すばる）が先に出発し、熊手星が追いかけ、おおかみ星がそれに続きます。やがて、熊手星はうぐいすのかご星を追い越しますが、南に低いおおかみ星は最後まで残ってしまいます。これは、星の配置と動きを表していると思われますが、星の記述がこれほどリアルに物語としてまとめられている例は国内には他に見当たりません。

大池の周囲の畑で作業しているおばあさんらに聞くと、昔はひっそりと静かだった大池に「あそこには星が降るといわれていたよ」と、言い伝えを知る人がいて、地元の人々の心の中に生き続いている紛れもない星座伝説なのだと実感させられます。

星の降る池伝説を示した図。北斗七星は画角的に大きく離れているので湖面に示した

ふたご座流星群と冬の星座。亡くなった人が極楽に行く時、流れ星が見えるという。12月中旬には、ふたご座流星群がピークを迎える

ドーデの「星」

　「星の降る池」に出てくる星座が実際にどの星に相当するのかを探してみると、中にはとても難解なものもありました。後に、私の友人から意外な情報が飛び込んできました。「似たような話が、フランスにあったと思う」というのです。それは、ドーデ作『風車小屋便り』の一話「星」という話でした。その内容は、冒頭の叙情描写から、登場する星座、転結までもほとんどが似通った内容でした。確かに、フランス・プロバンス地方の遊牧民に伝わっていたという背景は、星の話が生まれる土壌として納得のゆくことです。一等星シリウスについて「たいまつのように輝く」と表現していますが、緯度の高いプロバンス地方の方が、大気の影響でこの星がぎらぎらと赤っぽく輝き「たいまつ」の表現に近いと思われます。新潟のシリウスは青白く煌々としています。ただ、両者の話が登場した年代が近接しており、どちらがオリジナルかといった問題に明確な答えを見いだすのは難しいと思われます。今はすっかりその土地に根付いている珠玉の星物語の正否を問うことは意味のないことといえるでしょう。

※ 中国に伝わる星座神話

四方を守る星座

　四大文明発祥の地の1つ中国でも、ヨーロッパとはまるで違った独自の天文学、星座が発達しました。そして、その文化を取り入れた韓国や日本の星座も独特のものがあります。

　メソポタミアで誕生し、エジプトやギリシャで発展した西洋の星座は、星々の並ぶ姿形から想像して作られたものでした。それに対して、中国の星座はその位置から定められていて、決して形から作られたわけではありません。

　最も古いものは星空を4つに分割し、四神、もしくは四霊獣を当てはめて作られた星座です。これらは東西南北の四方を守る四神ともなりました。日本では古墳時代、西暦600年頃にはすでに中国の文化が輸入され、古墳の壁などにその絵が残されています。

　四神は、玄武、朱雀、青龍、白虎の姿をしています。「玄武」は亀とヘビが合体した姿となっています。ヨーロッパの星座ではやぎ、みずがめ、ペガスス座付近に当たります。

　「朱雀」は、初期の頃は文字からも分かるように雀の姿だったようですが、やがて雉に、そして鳳凰の姿へと変化しました。ヨーロッパの星座ではうみへび座付近に当たります。うみへび座の大きなカーブを巨大な鳥の姿に見立てています。うみへび座の心臓に輝くコルヒドレが朱雀の象徴的な星とされていたようです。青竜とともにその姿を想像しやすい星座です。

　「青龍」は、いわゆる竜で、想像上の生き物です。ヨーロッパの星座ではさそり座付近になります。青龍のしっぽから下半身がさそり座に当たります。そこから右上に広がる星々が上半身や頭に相当します。頭から伸びる2本の立派なヒゲの先には、うしかい座のアークトゥルスとおとめ座のスピカが輝きます。4つの星座の中では最も形のはっき

4神星座の1つ－東方青龍（せいりゅう）。ここに示した4神星座は薬師寺本尊の台座写真を元にして作成

4神星座の1つ－西方白虎（びゃっこ）は、オリオン座付近を頭にし、しっぽの先はアンドロメダ座に至る

りした星列、いくつもの1等星を取り込んだ、華やかな星座です。

「白虎」は、トラやライオンの姿の星座です。ヨーロッパの星座ではオリオン座付近に当たります。

これら4神の星座が誕生したのがいつ頃のことなのかはよく分かっていませんが、その後、28宿が誕生したと推測されています。28宿は月の通り道に作られた28個の星座です。玄武は北方7宿に位置し、青龍と朱雀は28宿を4等分した東方7宿と南方7宿のほぼ中央に位置していますが、白虎は西方7宿の端に偏っていることから、28宿の方が後世に作られたと推測できるのだそうです。28宿は、中国では紀元前8〜5世紀頃に原型が誕生していたようです。紀元前433年に作られたとされる陶器に28宿図が描かれているのが記録に現れる最初です。

その後、中国の社会制度を表した星座（太子、九卿、騎官など）が作られ、紀元前200年頃には、300個近くの星座が存在していました。1つの星が1つの星座、というのもあります。全体の60%の星座が四個未満の星からできているといいます。

古代日本では4神と28宿、それといくつかの星座を取り入れたようです。最近発見された高松塚古墳やキトラ古墳では4神と28宿が描かれています。キトラ古墳では約600個の星と34個の星座が確認されているといいます。

その後、暦作りや天体観測を仕事とした陰陽師や天文方などの特別な人々は中国の星座を取り入れ使用していましたが、それは一般には普及しませんでした。

その後、日本でも、民間では独自の星座が作られました。農耕民族だった日本では太陽と共に起きて働き、太陽が沈むと寝てしまう生活が中心だったため、夜空に雄大な物語を楽しんだりする習慣はなく、農機具を星空にしたり、種蒔きや刈り入れの時期を示すような名前を付けたり、赤い色の星なので酒酔い星などといった直接的な星の呼称が多いようです。

また、民間の星空とは関係なく、江戸時代中期の1700年頃になると、暦を作ったり天体観測を仕事とする天文方の渋川春海らが中国から伝わっていた星座の隙間を埋めるように新たに61星座、308星を追加しました。

渋川は「大宰府」や「御息所」など日本の社会制度になぞらえた星座を作りましたが、18世紀後期には使われなくなってしまいました。そして、1868年の明治維新以降、西洋の天文学の本格導入が進められたため、現在私たちが使っているような星座が導入され、中国星座、日本の星座のほとんどは使われなくなってしまいました。

4神星座の1つ―南方朱雀（すざく）は巨大な鳳凰を示し、うみへび座を中心にふたご座からからす座まで続く

4神星座の1つ―北方玄武（げんぶ）は亀とヘビが合体した姿をしており、やぎ座とみずがめ座を中心に位置する

◉ 東方青竜

6月20日頃 21時 真南を中心にした空

おとめ座
からす座
スピカ
アークトゥルス
へび座
ヘルクレス座
へびつかい座
へび座
アンタレス
さそり座
ケンタウルス座
おおかみ座
たて座
南斗六星
いて座

南方朱雀

北方玄武

9月20日頃 21時 真南を中心にした空

へび座
わし座
アルタイル
いるか座
たて座
こぎつね座
や座
ペガスス座
みずがめ座
秋の大四辺形
三ツ矢
うお座
フォーマルハウト
みなみのうお座
デネブカイトス
くじら座
南斗六星
いて座

西方白虎

ペガスス座
秋の大四辺形
アンドロメダ座
おひつじ座
くじら座
デネブカイトス
ペルセウス座
すばる
おうし座
アルデバラン
うおざ座
ふたご座
ベテルギウス
オリオン座
リゲル
シリウス
おおいぬ座

12月20日頃 21時 真南を中心にした空

世界の星座神話 ✦ 149

エジプトの星座

　四大文明の発祥地の1つであるエジプトでも独自の神々が生まれ、星座や神話が作られました。

　特に、不滅の命を信じ、死は新たな人生の始まりであり、その時神と融合して楽園で暮らせると信じて、ピラミッドやミイラを作った古代エジプト人にとって、北天に位置し、時間や季節と共に位置を変えても決して地平線下に沈むことのない周極星は特別な存在だったようです。これらを「滅亡を知らぬもの」と呼び、これらの星がある「北」には、永遠があると信じていました。紀元前1300年頃に作られたセティ1世王の墓の天井に描かれた北の空の星座の図には、ワニを背負ったカバの姿（トゥエリス女神の姿）の星座、鷹の頭部を持った男性（ホルス神）の星座、ワニの姿の星座など、エジプト独自の星座が描かれています。

　その後、徐々にバビロニア、ギリシャ起源の星座が導入され、紀元前1世紀に作られたデンデラのハトホル神殿の天球図には、おひつじ座、おうし座、てんびん座、さそり座、やぎ座など古代ギリシャからもたらされた黄道12星座のいくつかも描かれています。しかし、他はエジプトらしい姿の星座として描かれています。たとえば、みずがめ座は水が湧き出している2つの花瓶を持つ洪水の女神ハピの姿となっています。

エジプトギザーにあるスフィンクスとピラミッド

ここで、エジプトの星にまつわる物語を少しご紹介しましょう。

古代エジプト人がおおいぬ座のシリウス(ソティスと呼ばれていました。後にイシス女神と同一視されるようになります)を特に重視していたことはよく知られています。シリウスが日の出直前に東の空に姿を現す頃、ナイル川が増水することを知っていたからです。ナイル川はやがて溢れ、町や村を大洪水が襲った後、水の引いた土地には肥沃な土が残され、豊かな農作物が育ちました。これがエジプト文明を支える元だったのです。

また、冬の星座オリオン座はたいへん目立つ姿をしているため、さまざまな国で英雄や神々の姿に見られてきましたが、エジプトではオシリス神の姿と見られていました。

オシリス神は太陽神ラーと天空の女神ヌートの間に生まれ、地上に降りてエジプトの国王になりました。オシリスは、人々に大麦や小麦、葡萄の栽培を教え、灌漑水路の整備を行い、法を尊び神々を敬うよう導き、人々の敬慕の的となりました。

オシリスの弟セトはオシリスをねたみ、オシリスが辺境の地で人々に農耕を教えている留守の間にエジプトを乗っ取ってしまいました。そして戻ってきたオシリスを暗殺すると、遺体をナイル川へと投げ込みました。妻のイシスはオシリスの遺体を探しだし、魔術の力により蘇生させようとしましたが、体の1部が見つからなかったため、人間界によみがえることはできず、死者の国の王になったといいます。

天空の女神ヌート、下に横たわるのは大地の神ゲブ、ヌートを支えるのは大気の神シュウ

世界の星座神話

以後、オシリスは豊穣の神であり、死者の国の王であり、永遠の命のシンボルとなりました。エジプト王ファラオは死ぬと空へ昇りオリオン座となって、オシリス神と一体になるのだそうです。その後、一般の人々も善人は死後蘇りオシリス神と融合できると考えられるようになり、オシリス神の人気はさらに高まったようです。

また、女神イシスはおとめ座になったといいます。

プレヤデス星団はハトホルの星と呼ばれました。ハトホル神は、角の間に太陽を表す円盤を持った牝牛、あるいは太陽の円盤をつけた角を持つ女神として描かれています。

上／翼を広げる女神イシス。紀元前1360年頃描かれた壁画
左／壁画に描かれたオシリス神（左）、アヌビス神（中央）、ホルス神（右）

エジプトのファラオ セティ1世の墓の天上に描かれた星座図 北天の星座を示している

古代エジプトでは豊穣の女神であり、妊婦の保護者、死者がオシリス神の審判を受けるまでの間死者を養う女神であり、生まれた子どもの運命を予言する女神と考えられました。ハトホル女神は子どもが生まれると7つの姿（7人のハトホル）に化身して子どもの元を訪れ、その子の運命を予言すると考えられていました。その7人のハトホルを表したのがプレヤデス星団だというわけです。

ハトホル女神は太陽神ラーの娘で神々の王ホルスの妻であり、古代エジプトの人々に人気がありました。ファラオがホルスの化身なら、エジプト王妃はハトホル女神の化身と考えられていたといいます。

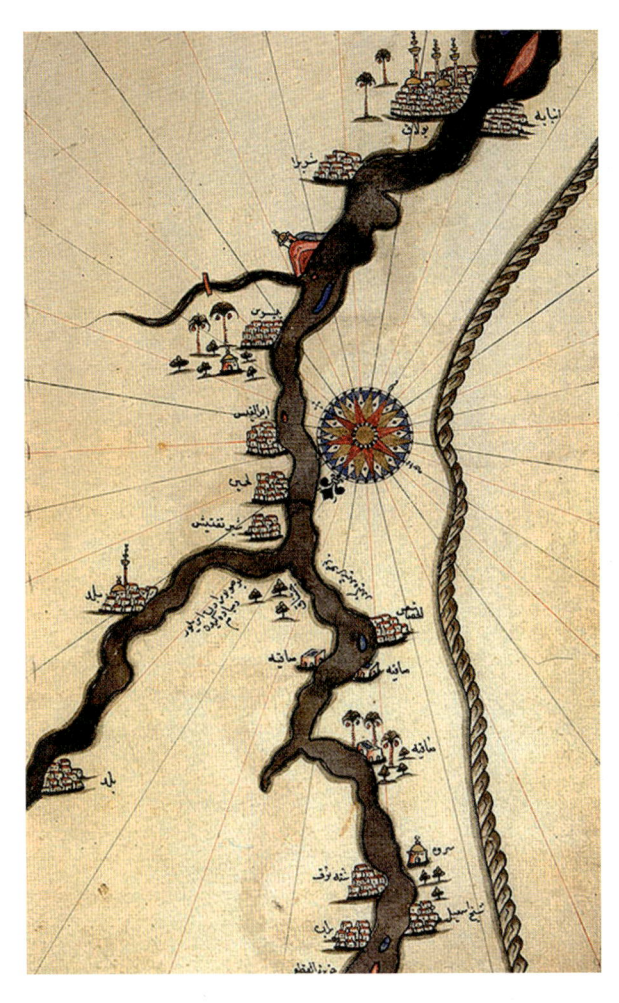

1500年頃、オスマントルコのピーリー・レイス提督が作った地図に描かれたナイル川

インカの星座

　インカ帝国は、13世紀頃から1533年にスペインのピサロらによって滅ぼされるまでの間、南アメリカのペルー、ボリビア、エクアドル付近で栄えました。高度な土木技術を持ち、彼らの作った石組みのつなぎ目はカミソリの歯1枚すら通らないことで有名です。ペルーを大きな地震が襲ったとき、新しくスペイン人が建てた家屋は倒壊、破損しましたが、インカの遺物はびくともしなかったといいます。残念なことに、インカは文字を持たなかったため、私たちが知ることのできるインカ帝国時代の情報は、征服者だったスペイン人が書き残した本や、口承によって細々と語り継がれたものだけです。

　インカにも独自の神話があり、星座があったことが分かっています。特に、金星やプレヤデス星団が重要視されたようです。星座は、星々をつないで構成される他の国々の星座とは異なり、インカでは、天の川の光を背景に見える黒い領域（暗黒帯）に、さまざまな動物の姿を見ていました。ちなみに、インカでは、天の川は「mayu*」、暗黒帯の部分は「yana phuyu（黒い雲を意味する）」と呼ばれました。

　右ページの図は、7月、8月頃のクスコで見られる天の川の姿で、クスコのアーティス

＊スペイン語表記です。

峻険な山の上に築かれたインカの遺跡マチュピチュ。かつてはインカの要塞都市といわれたこともあったが、現在では、神殿群を持った宗教上の聖地、あるいは王族のための避暑地だったのではないかと考えられている

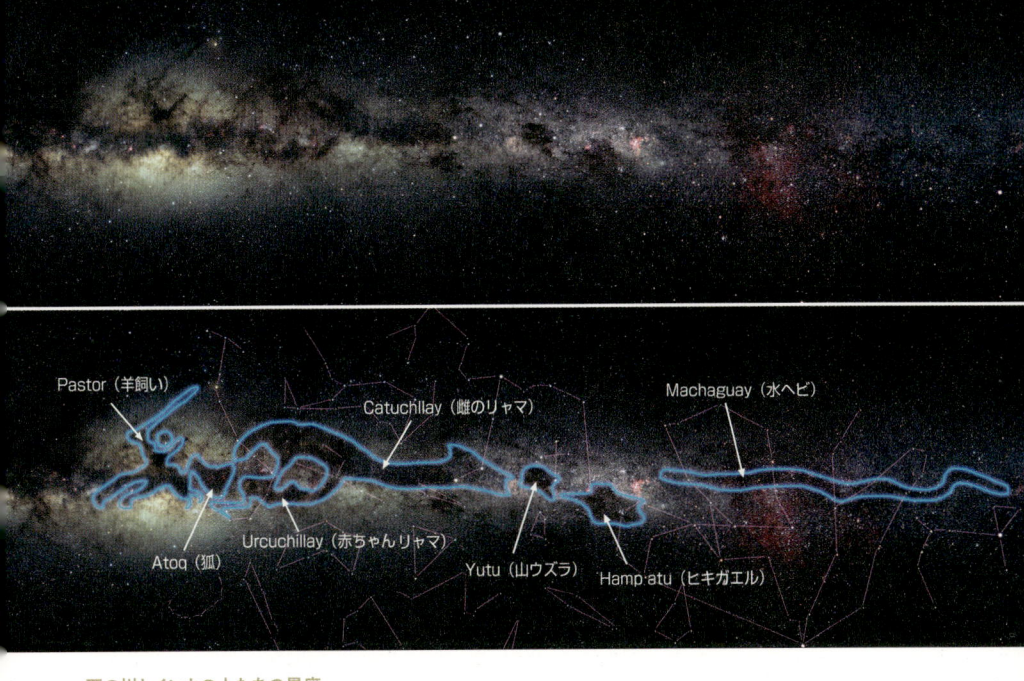

天の川とインカの人たちの星座

インカの人たちは、天の川に見える黒い模様（暗黒帯）の形に動物などを当てはめて見ていたようだ。ここに示した画像は、南半球の南緯10度付近で南の空に昇る天の川のパノラマ。左端のいて座、さそり座から、中央付近のみなみじゅうじ座を通り、右端はおおいぬ座。
下の画像は同じ画像に、私達が用いている星座の骨格をピンク色に、インカの星座を青線で示した。左から右へ、羊飼い、狐（Atoq）、雌のリャマと逆さまの赤ちゃんリャマ（CatuchllayとUrcuchillay）が見えている。雌のリャマの目には明るい2つの星が輝き、この2星はケンタウルス座のα星とβ星に同定されている。その右は山ウズラ（Yutu）、ヒキガエル（Hamp'atu）、水ヘビ（Machaguay）

トであるミゲル・アロンソ・カルタヘナが描きました。この頃、インカで崇拝された星座のほとんどが見られます。

　天の川の暗黒帯部分に、Machaguayと呼ばれた巨大な水ヘビ、Hamp'atuヒキガエル、Yutu山ウズラ、CatuchllayとUrcuchillayすなわち雌のリャマと逆さまの姿の赤ちゃんリャマ、Atoq狐の姿があります。一部の部族では、狐の部分に、リャマの方に手を伸ばした羊飼いの姿を描いていたといいます。羊飼いの足は狐の後ろ足と一体化しています。

　インカでは、これらの動物の星座を崇めることによって、それらが子どもを産んで増え、食料が豊かになると信じていました。また、水ヘビの星座は、すべてのヘビの化身で、これを崇めることで、ヘビによる災いを避けられると考えていたのです。

世界の星座神話 ★ 155

インカの宇宙観

インカの世界観では世界は三層に分かれていました。コンドルが守る天上の世界Hanan Pacha、ピューマが守る地上の世界Kai Pacha、蛇が守る地下の世界Uku Pachaです。

黄金に描かれたこの有名な絵は、インカ帝国の首都クスコで最も重要な寺院であった、太陽の神殿コリカンチャの壁に描かれた図を写したもので、いくつかあった絵の中では最も精巧なものだったといいます。オリジナルは黄金でできていたためインカ帝国を征服したスペイン人のピサロにはぎ取られてしまいましたが、何人かのスペイン人がオリジナルをスケッチしていたため、現在復元されています。ただ、インカに文字が無かったため、これらの絵が何を意味しているかは、記録者、研究者達の間でいくつかの説があります。

右列と左列では左右対称にさまざまな要素が描かれており、一説によれば、左は男性、右は女性的要素を表しているといいます。

インカの宇宙観

太陽の神殿コリカンチャの黄金で作られた壁に描かれていた図で、インカの宇宙観を表していると考えられています。これは、当時のスケッチを元にして復元されたもので、スペイン人による征服後、太陽の神殿の一部を使って作られたサント・ドミンゴ教会に飾られています。絵柄の解釈は下記のように解説されています。

天上界 1：縦に並ぶ3つの光芒を持った点がオリオン座の三つ星、左がベテルギウス、右がリゲルだと考えられている。 **2**：世界の創造神ビラコチャ **3**：太陽 **4**：月 **5**：明けの明星 **6**：宵の明星
地上の世界 7：プレヤデス星団 **8**：雲・霜・雨…実りの季節 **9**：雷雨と稲妻の神…天の川から地上に水を注ぐ神 **10**：不明 **11**：橋（何を指しているか不明）12及び13は後年書き加えられた可能性がある。 11、12、13を南十字星と見る研究者もいる **14**：虹——インカの王家のエンブレム **15**：母なる大地…女神ママパチャ **16**：黄金の猫…神話上の生き物？ **17**：母なる海（太平洋か、もしくはチチカカ湖）——女神ママコチャ **18**：温泉…インカにとって聖地
地下の世界 19：川…三途の川？ **20**：あらゆるものの目…芽を出す種？ **21と22**：インカ皇帝と妃 **23**：祖先の木 **24**：穀物の貯蔵庫

Constellation Mythology Data

星座神話
データ

本書でご紹介したギリシャ神話に登場する
神々の系譜や役割、
神話物語に登場する地理に関する資料、
全天88星座のデータなどをまとめました。

✱ 星座神話データ

本書に掲載された星座神話マップ

フランス
- ドーデの「星」▶P143

ロシア
- 真心の星──北斗七星 ▶P134
- 鳥の道──天の川 ▶P137

ギリシャ
- ギリシャ神話

中国
- 七夕の物語 ▶P68-69
- 四方を守る星座 ▶P144-149

バビロニア地方
- 天のユーフラテス川──天の川 ▶P137

インド
- 天のガンジス川──天の川 ▶P137

エジプト
- 道々こぼした麦の穂──天の川 ▶P137
- 天のナイル川──天の川 ▶P137
- エジプトの星座 ▶P150〜153

タイ
- 豚の道──天の川 ▶P137

✷ 星座神話データ ✷

　現在私たちの使っている星座の半分以上は古代ギリシャ時代に整備され、以来、綿綿と時代を超えて受け継がれてきたものです。本書ではこうした星座にまつわるギリシャ神話を中心に紹介しています。
　他にも、世界各地にはその地特有の星座やそれにまつわる神話物語が伝わっており、その幾つかを本書でもご紹介しています。

日本
- 西春坊の星──カノープス ▶P135
- 魂が天国へ至る道──天の川 ▶P137
- 星の降る池 ▶P139〜143

アメリカ
- 長いしっぽの理由──おおぐま座 ▶P20〜21

オーストラリア
- 雨と雲の精霊ワラガンダ──天の川 ▶P137

インカ
- インカの星座 ▶P154〜156

ニュージーランド
- 島を釣ったマウイ──さそり ▶P136

※ 星座神話データ ※

ギリシャ神話の神々の系譜

　四角が茶色に色づけされているものはオリンポス12神を示します。ギリシャ神話の最も重要な神々で、さまざまな神話物語に登場する神々です。

　また、二重線は婚姻関係を示し、単線は親子関係を示しています。親子関係は上が親で、下が子になります。

　黒文字は男神、赤文字は女神です。

*1 ゼウス神はレイア女神とクロノス神との間に生まれましたが、多くの女神と結婚し、主要な神々の親になっています。

*2 ガイア女神は息子のウラノス神と結婚しているため系譜では2回名前が出てきます。

（注意）系譜の左右は兄弟姉妹の上下関係に対応しているわけではありません。また、親子、兄妹関係については諸説あるため、ここでは「ヘシオドスの神統記」に従っています。

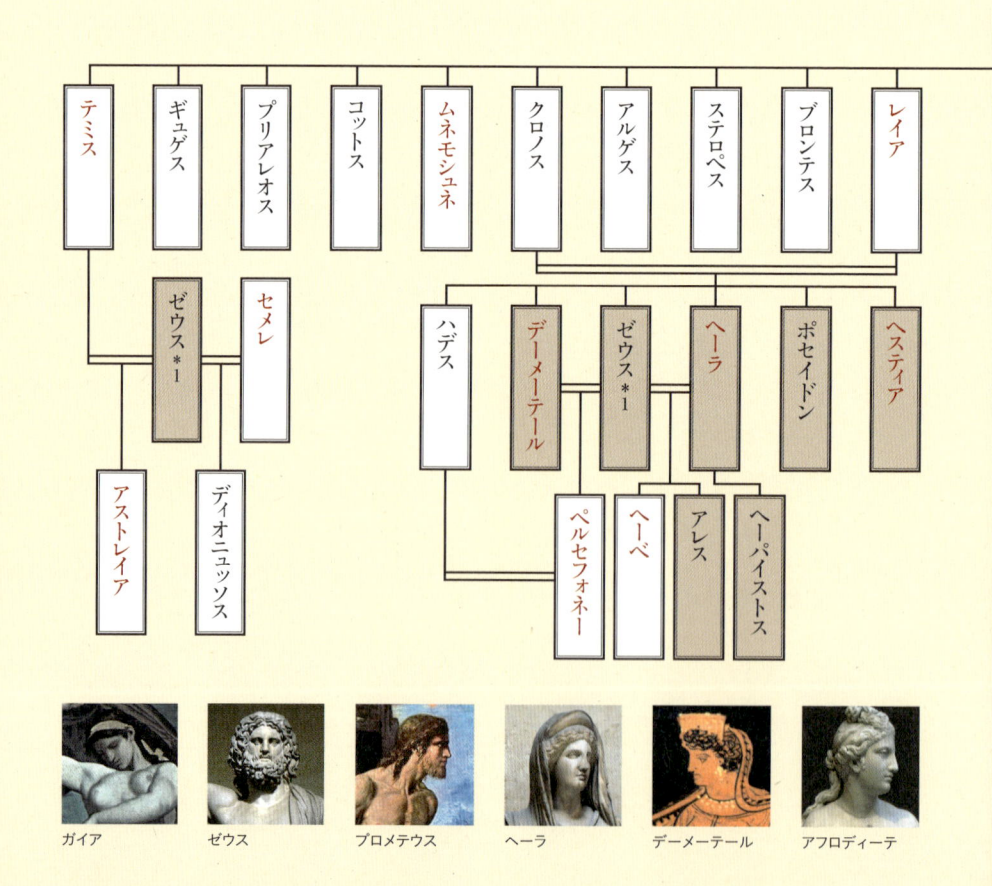

テミス　ギュゲス　プリアレオス　コットス　ムネモシュネ　クロノス　アルゲス　ステロペス　ブロンテス　レイア

ゼウス*1　セメレ　ハデス　デーメーテール　ゼウス*1　ヘーラ　ポセイドン　ヘスティア

アストレイア　ディオニュソス　ペルセフォネー　ヘーベ　アレス　ヘーパイストス

ガイア　ゼウス　プロメテウス　ヘーラ　デーメーテール　アフロディーテ

✶ 星座神話データ ✶

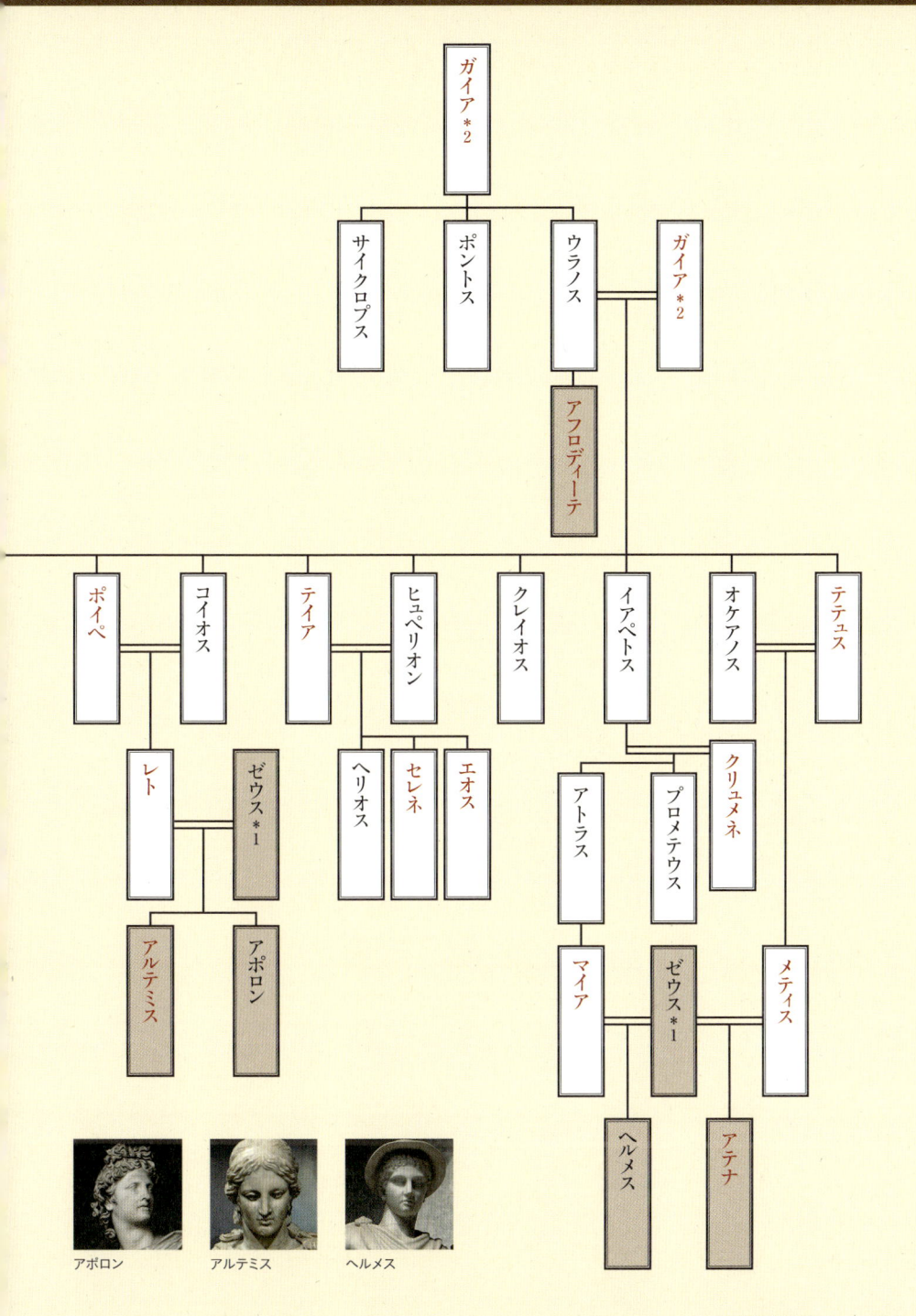

```
                              ガイア*2
                    ┌────────────┼────────┐
                サイクロプス   ポントス   ウラノス ═ ガイア*2
                                        │
                                     アフロディーテ
   ┌──────┬──────┬──────┬──────┼──────┬──────┬──────┐
 ポイペ  コイオス  テイア  ヒュペリオン  クレイオス  イアペトス  オケアノス  テテュス
   └──┬──┘       └──┬──┘                  └──┬──┘      └──┬──┘
      │          ┌──┼──┐                      │       クリュメネ
      レト ═ ゼウス*1  ヘリオス セレネ エオス    アトラス プロメテウス
      ┌──┴──┐                                         │
   アルテミス アポロン                              マイア ═ ゼウス*1 ═ メティス
                                                       │           │
                                                     ヘルメス      アテナ
```

アポロン　　アルテミス　　ヘルメス

星座神話データ ✦ 161

✸ 星座神話データ ✸

ギリシャ神話の人物相関図

1 ペルセウス座・アンドロメダ座（p90）、ヘルクレス座（p50）の物語に登場する神々、人間の関係図
2 おうし座、かんむり座の物語に登場する神々、人間の関係図
3 いて座（p70）、へびつかい座（p58）、アルゴ船の冒険（p131）の物語に登場するケイローンの系譜

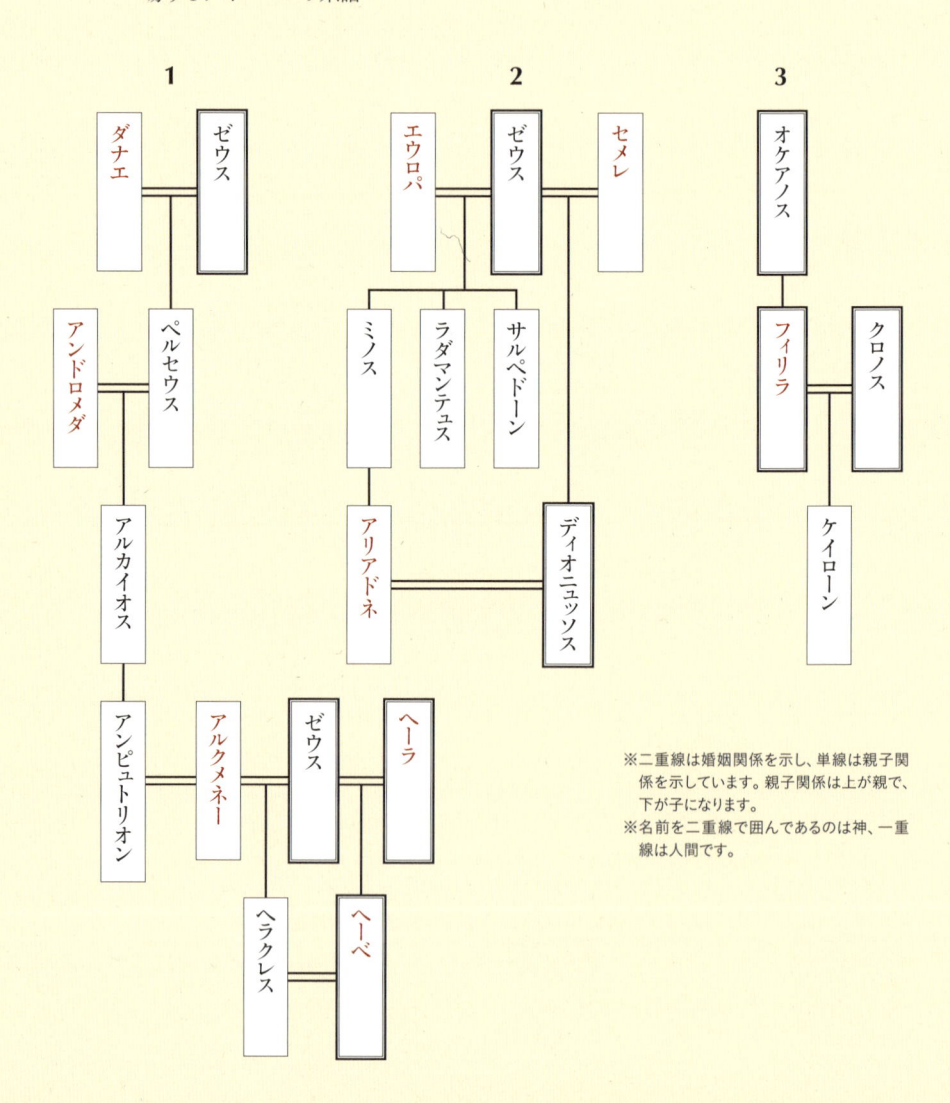

1

ダナエ ＝ ゼウス
  │
アンドロメダ ＝ ペルセウス
        │
      アルカイオス
        │
    アンピュトリオン ＝ アルクメネー ＝ ゼウス ＝ ヘーラ
              │
          ヘラクレス ＝ ヘーベ

2

エウロパ ＝ ゼウス ＝ セメレ
    │   │
ミノス　ラダマンテュス　サルペドーン
    │   │
  アリアドネ ＝ ディオニュソス

3

オケアノス
   │
フィリラ ＝ クロノス
     │
   ケイローン

※二重線は婚姻関係を示し、単線は親子関係を示しています。親子関係は上が親で、下が子になります。
※名前を二重線で囲んであるのは神、一重線は人間です。

ギリシャ神話に登場する神々の役割

オリンポスの12神

ゼウス	神々の王、雷神、天空神
ヘーラ	結婚の女神、主婦の女神、母性の女神
アテナ	知恵の女神
アポロン	太陽神、医学の神、預言の神、音楽の神
アルテミス	月の女神、狩りの女神
アフロディーテ	愛と美の女神
ポセイドン	海の神
デーメーテール	農業の女神
ヘルメス	商業の神、伝令の神
ヘーパイストス	鍛冶の神
ヘスティア	竈の女神、家庭生活の女神
アレス	戦の神

そのほかの神

ヘリオス	太陽の神
クロノス	時の神
ディオニュッソス	酒の神
ハデス	冥界の王
オケアノス	大洋の神
アストレイア	正義の女神
ガイア	大地の女神
ヘーベ	青春の女神
カリオペー	詩歌の女神ミューズの1人
レイア	大地の女神
ペルセフォネー	冥界の王妃
エロス	愛の神
パーン	羊飼いの神、野山の神
ラドーン川の神	ラドーン川の神
ミューズ	詩歌の女神達
デルセト	豊穣の女神
プロメテウス	先の思慮・先見の明の神、人間を創造した神
アトラス	月の神

ニンフ

エウリディケ	森の木のニンフ
アムピトリテー	海のニンフ、海の女王
カリスト	アルテミス女神の侍女
フィリラ	海のニンフ
マイア	プレアデス姉妹の1人、アルテミス女神の侍女

エジプト神話に登場する神々の役割

イシス	神々の王ホルスの母
オシリス	豊穣の神、死者の国の王
ラー	太陽の神
ハトホル	豊穣の女神
ヌート	天空の女神
ゲブ	大地の神
シュウ	大気の神
ホルス	神々の王

インカ神話に登場する神々の役割

ママパチャ	大地の女神
ママコチャ	海の女神
ビラコチャ	世界の創造神

神々の系譜に登場する、そのほかの神々

ポントス	海の神
コイオス	水星の神
クレイオス	火星の神
ヒュペリオン	太陽の神
イアペトス	(不明)
テイア	太陽の女神
テミス	法・掟の女神
ムネモシュネ	記憶の女神
ポイベ	月の女神
テテュス	金星の神
ブロンテス	一つ目の巨人、キュクロプスの1人、優れた工匠
ステロペス	一つ目の巨人、キュクロプスの1人、優れた工匠
アルゲス	一つ目の巨人、キュクロプスの1人、優れた工匠
コットス	100本の腕を持つ巨人
プリアレオス	100本の腕を持つ巨人
ギュゲス	100本の腕を持つ巨人
セメレ	月の女神
メティス	水星の女神
レト	(不明)

※神々の名の表記には幾つかの書き方があります。たとえば、本書ではヘーラ女神としていますが、ヘラ、またはヘーラーと記述されることもあります。
※「オリンポスの12神」、「そのほかの神」、「ニンフ」は、それぞれ、本書の星座神話物語に登場したギリシャ神話の神々です。
※「神々の系譜に登場する、そのほかの神々」は本書の星座神話には登場しなかったものの、p160〜161に登場したギリシャ神話の神々です。

✷ 星座神話データ ✷

ギリシャ神話の地理

　古代ギリシャ文明は紀元前2600年頃から始まり、現在のトルコやエーゲ海を中心に栄えました。1つの都市が1つの国家という、「都市国家」と呼ばれる形態を編み出し、1つの都市国家には数十万人が暮らしていたといわれます。

　ギリシャ人はギリシャ、イタリア各地にたくさんの都市国家を築きましたが、加えて、船で地中海を移動し、黒海沿岸から、アフリカのエジプトはもちろん、リビアやチュニジアの地中海沿岸、スペイン、フランスの地中海沿岸にまで、都市国家や植民地を作っていました。

　星座神話物語にはさまざまな地名が出てきますが、現代の日本人である私たちには直感的に分かりにくいものがあります。ここに示した地図にある地名や名前は、現在の地名ではなく、古代ギリシャ時代の都市国家の位置や名前、地方の名前を書き込んであります。星座神話物語に出てくる地名です。古代ギリシャ人がいかに大きな世界を移動していたかが分かります。

ギリシャを中心に古代ギリシャ人が活躍した地中海、黒海沿岸地図

✴ 星座神話データ ✴

左ページの図の四角で囲んだ部分を拡大した図。ギリシャ本土を示している

✳ 星座神話データ ✳

ギリシャ神話の地理

　現代でもギリシャ時代の遺構は地中海周辺にたくさん残されており、その姿は私たちの古代ギリシャに対するイメージを大きくふくらませ、神話世界に入り込むのを助けてくれます。

左上／アテネの中心にあるアクロポリスの丘。ぎょしゃ座の神話物語で、アテネの王女アグラウロスが飛び降りて自殺した場所
左下／西の方角から望むオリンポス山。標高2900m以上ある峻険な山で、ギリシャの最高峰。神々が住むところと考えられていた
右上／アテナ女神をまつったパルテノン神殿。アテナ女神は、ギリシャ神話では知恵の女神として敬われ、数多くの神話物語で活躍している
右下／ペルセウス座の神話物語で、木の箱に閉じ込められ海に流されたアルゴスの王女ダナエと赤ん坊のペルセウスが漂着したセリフォス島

星座リスト

星座名	学名	略符	面積 (平方度)	季節	掲載ページ
アンドロメダ	Andromeda	And	722	秋	90
いっかくじゅう(一角獣)	Monoceros	Mon	482	冬	118
いて(射手)	Sagittarius	Sgr	867	夏	70
いるか(海豚)	Delphinus	Del	189	夏	66
インディアン	Indus	Ind	294	南天	-
うお(魚)	Pisces	Psc	889	秋	86
うさぎ(兎)	Lepus	Lep	290	冬	114
うしかい(牛飼)	Bootes	Boo	907	春	30、130
うみへび(海蛇)	Hydra	Hya	1303	春	38
エリダヌス	Eridanus	Eri	1138	冬・南天	128
おうし(牡牛)	Taurus	Tau	797	冬	110、130
おおいぬ(大犬)	Canis Major	CMa	380	冬	118
おおかみ(狼)	Lupus	Lup	334	南天	-
おおぐま(大熊)	Ursa Major	UMa	1280	春	18
おとめ(乙女)	Virgo	Vir	1294	春	34
おひつじ(牡羊)	Aries	Ari	441	秋	98
オリオン	Orion	Ori	594	冬	114
がか(画架)	Pictor	Pic	247	南天	-
カシオペヤ	Cassiopeia	Cas	598	秋	-
かじき(旗魚)	Dorado	Dor	179	南天	-
かに(蟹)	Cancer	Cnc	506	春	22
かみのけ(髪)	Coma Berenices	Com	386	春	30
カメレオン	Chamaeleon	Cha	132	南天	-
からす(烏)	Corvus	Crv	184	春	38
かんむり(冠)	Corona Borealis	CrB	179	春	50
きょしちょう(巨嘴鳥)	Tucana	Tuc	295	南天	-
ぎょしゃ(馭者)	Auriga	Aur	657	冬	106
きりん	Camelopardalis	Cam	757	冬	-
くじゃく(孔雀)	Pavo	Pav	378	南天	-
くじら(鯨)	Cetus	Cet	1231	秋	94

星座リスト

星座名	学名	略符	面積（平方度）	季節	掲載ページ
ケフェウス	Cepheus	Cep	588	秋	-
ケンタウルス	Centaurus	Cen	1060	春・南天	-
けんびきょう（顕微鏡）	Microscopium	Mic	210	秋	-
こいぬ（小犬）	Canis Minor	CMi	183	冬	118
こうま（小馬）	Equuleus	Equ	72	秋	-
こぎつね（小狐）	Vulpecula	Vul	268	夏	129
こぐま（小熊）	Ursa Minor	UMi	256	春	-
こじし（小獅子）	Leo Minor	LMi	232	春	-
コップ	Crater	Crt	282	春	38
こと（琴）	Lyra	Lyr	286	夏	54
コンパス	Circinus	Cir	93	南天	-
さいだん（祭壇）	Ara	Ara	237	南天	-
さそり（蠍）	Scorpius	Sco	497	夏	62
さんかく（三角）	Triangulum	Tri	132	秋	-
しし（獅子）	Leo	Leo	947	春	26
じょうぎ（定規）	Norma	Nor	165	南天	-
たて（楯）	Scutum	Sct	109	夏	-
ちょうこくぐ（彫刻具）	Caelum	Cae	125	南天	-
ちょうこくしつ（彫刻室）	Sculptor	Scl	475	秋	-
つる（鶴）	Grus	Gru	366	秋・南天	-
テーブルさん（テーブル山）	Mensa	Men	153	南天	-
てんびん（天秤）	Libra	Lib	538	夏	62
とかげ（蜥蜴）	Lacerta	Lac	201	秋	-
とけい（時計）	Horologium	Hor	249	南天	-
とびうお（飛魚）	Volans	Vol	141	南天	-
とも（艫）	Puppis	Pup	673	冬	-
はえ（蝿）	Musca	Mus	138	南天	-
はくちょう（白鳥）	Cygnus	Cyg	804	夏	54
はちぶんぎ（八分儀）	Octans	Oct	291	南天	-
はと（鳩）	Columba	Col	270	冬	-

星座リスト

星座名	学名	略符	面積(平方度)	季節	掲載ページ
ふうちょう(風鳥)	Apus	Aps	206	南天	-
ふたご(双子)	Gemini	Gem	514	冬	122
ペガスス	Pegasus	Peg	1121	秋	82
へび(蛇)頭部 へび(蛇)尾部	Serpens	Ser	428 208	夏	58
へびつかい(蛇遣)	Ophiuchus	Oph	948	夏	58
ヘルクレス	Hercules	Her	1225	夏	50
ペルセウス	Perseus	Per	615	秋	90
ほ(帆)	Vela	Vel	500	南天	-
ぼうえんきょう(望遠鏡)	Telescopium	Tel	252	南天	-
ほうおう(鳳凰)	Phoenix	Phe	469	秋・南天	-
ポンプ	Antlia	Ant	239	春	-
みずがめ(水瓶)	Aquarius	Aqr	980	秋	78
みずへび(水蛇)	Hydrus	Hyi	243	南天	-
みなみじゅうじ(南十字)	Crux	Cru	68	南天	-
みなみのうお(南魚)	Piscis Austrinus	PsA	245	秋	129
みなみのかんむり(南冠)	Corona Austrina	CrA	128	夏	-
みなみのさんかく(南三角)	Triangulum Australe	TrA	110	南天	-
や(矢)	Sagitta	Sge	80	夏	129
やぎ(山羊)	Capricornus	Cap	414	秋	78
やまねこ(山猫)	Lynx	Lyn	545	春	-
らしんばん(羅針盤)	Pyxis	Pyx	221	冬	-
りゅう(竜)	Draco	Dra	1083	夏	46
りゅうこつ(竜骨)	Carina	Car	494	南天	-
りょうけん(猟犬)	Canes Venatici	CVn	465	春	-
レチクル	Reticulum	Ret	114	南天	-
ろ(炉)	Fornax	For	398	秋	-
ろくぶんぎ(六分儀)	Sextans	Sex	314	春	-
わし(鷲)	Aquila	Aql	652	夏	66

✷ 索引 ✷

12の大冒険	40・48・52
28宿	145
Atoq	155
Catuchllay	155
Hamp'atu	155
Hanan Pacha	156
Kai Pacha	156
M44	25
Machaguay	155
Mayu	154
Uku Pacha	156
Urcuchillay	155
Yana Phuyu	154

あ

アークトゥルス	8・16・17・27・31・34・35・144・146
アーリーオーン	68・69
アイソン	131・133
アイトリア	57
アウゲイアス王	52
秋の大四辺形	76・82・148・149
アグラウロス	108・109・166
アクリシオス	92・93
アクロポリスの丘	109・166
アスクレーピオス	60・61・72・129
アスクレピオン	61
アステリオス王	113
アストレイア	35・64・160・163
アセルス・アウストラリス	23・25
アセルス・ボレアリス	23・25
アタマース	100
アッシュルバニパル王	12
アッシリア	7・12・32・70・86・114
アテナ	40・52・61・85・89・92・93・97・108・109・136・137・161・166
アテネ	41・53・107・108・109・120・121・164・165・166
アトラス	48・49・130・161・163
アトラス山脈	69
アヌ	106
アフロディーテ	89・129・160・161・163
アボリジニ	137
アポロン	41・52・56・57・60・61・69・72・88・89・117・129・161・163
天の川	14・16・44・54・68・70・74・79・104・106・136・137・138・139・154・155・158・159
アマルティア	80・81
アミモーネの沼	24・40・52
アムピトリテー	69・96・163
アメリカ・インディアン	20
アラトス	8
アリアドネ	53・162
アルカス	33・130
アルクメネー	52・136・137
アルゴス	52・92・97・136・164・165・166
アルゴ船	10・101・131・132・133・162
アルコル	141
アルゴル	91
アルタイル	44・45・66・67・68・74・148
アルデバラン	104・105・111・149
アルテミス	21・61・72・89・116・117・130・161・163
アルフェラッツ	91
アレース	89
アンタレス	44・45・62・63・146
アンドロメダ	90・91・93・96・97
アンドロメダ大銀河	87・91
アンドロメダ座	76・82・90・91・93・94・97・99・144・149
アンティノウス座	11
アンブロシア	81

い

イアソン	101・124・131・132・133
イーカリオス	57
イーダス	124・125
イーノー	100
イオラーオス	24・40・41
イオルコス	101・131・133・164・165
イカリオス	41・121
イシス	32・33・137・151・152・163
いっかくじゅう座	9・104・105・118・119・121
いて座	12・13・44・70・71・72・73・74・77・79・146・148・155・162
イリアス	8・30
いるか座	44・45・66・67・68・69・148
インカ	154・155・156・159・163
インド	137

う

うお座	12・13・28・77・78・80・86・87・88・89・98・148
うさぎ座	104・114・115・117
うしかい座	16・17・21・27・30・31・32・33・34・42・51・130・144
海の犬座	118
うみへび座	17・38・39・40・41・50・73・144・145・147
ウラル山脈	137
ウラノス	129・130・160・161

え

エウドクソス	8
エウリステウス	24・28・29・48・49・52
エウリディケ	56・57・163
エウロパ	112・113・120・162

エーリゴネー	121	カロン	56・57
エーリュシオン	113	かんむり座	45・50・51・53・162

エクアドル	154
エジプト	7・32・35・101・137・144・150・151・152・153・158・163・164
エチオピア	75・76・90・93・96・97・98
エトナ山	89
エピダウロス	61
エリクトニウス	108・109
エリダヌス川	129
エリダヌス座	104・128・129
エリュティア	52
エリュマントス山	52
エロス	89・163

き

キオス島	116・164
騎官	145
キトラ古墳	145
キマイラ	85
九卿	145
兄弟星	112・122
巨蟹宮	13
ぎょしゃ座	105・106・107・108・109・126・149・166
きりん座	9
金牛宮	13
銀河系の中心	70
金星	154

お

おうし座	12・13・95・104・105・110・111・112・113・126・149・150・162
おおいぬ座	104・105・118・119・120・126・135・139・140・147・149・151・155
おおかみ座	146
おおぐま座	8・16・18・19・20・21・33・159
オーストラリア	137・159
オケアノス	33・161・162・163
オシリス	151・152・153・163
オデュッセイア	8・30
おとめ座	12・13・16・17・27・31・34・35・36・37・39・42・144・146・147・152
おひつじ座	13・98・99・100・101・133・149・150
オリオン	65・104・105・114・116・117・120・130
オリオン座	8・65・103・104・114・115・116・117・119・126・135・140・141・144・145・151・152・156
織り姫(星)	45・54・68
オリンポス	53・64・81・85・88・130・137・160・163・165・166
オルフェウス	56・57・124・132

く

くじら座	76・77・78・93・94・95・96・97・102・148・149
クスコ	154・156
クリュタイムネストラ	57
クレタ王	110・120
クレタ島	52・53・113・116・133・164
クレーテウス	131
クロノス	72・80・130・160・162・163

け

ケイローン	61・71・72・73・101・129・131・162
ケフェウス	96・97
ケフェウス座	47・77
ゲリュオン	52
ケリュネイア	52
ケルベロス	52・56
ケルベロス座	10
牽牛	68
牽牛星	66
ケンタウルス	72・73・101・131
ケンタウルス座	129・146・155
けんびきょう座	10
玄武	144・145・148

か

ガイア	48・65・88・108・129・130・160・161・163
がか座	10
カシオペア	96・97
カシオペヤ座	76・77
かじき座	9
カストル	57・122・123・124・125・132・147
ガニメーデス	66・68・81
かに座	12・13・17・22・23・24・25・39・40・50・147
カノープス	135・159
カペラ	105・106・107
かみのけ座	16・17・30・31・32・33・42・147
カメレオン座	9
からす座	16・17・38・39・40・41・61・145・146・147
カリオペー	56・163
カリスト	21・33・130・163

こ

こいぬ座	105・118・119・121・147
黄道12宮	12・13・98
黄道12星座	12・13・22・26・34・58・62・70・78・86・98・110・122・150
こうま座	168
コーカサス	48
こぎつね座	9
こぐま座	33・45
こじし座	9

古代ギリシャ	7・25・35・55・59・94・110・133・150・159・164・166
コップ座	17・38・39・40・41・121
こと座	44・45・46・54・55・56・57・68・124・132
コリンカンチャ	156
コリントス	68・69・84・164・165
コルキス	101・124・125・132・133
コルヒドレ（アルファルド）	39・144・147
コロニス	60・61
コンパス座	10

さ

サイクロプス	129
酒酔い星	145
さそり座	12・13・44・45・58・59・62・63・65・70・71・74・136・144・146・150・155・159
サハラ砂漠	133
サルペドーン	113・162
サルミデッソス	132・164
三途の川	56・156
三匹の馬星	141・142

し

獅子宮	13
死者の国	37・56・151・153・163
しし座	12・13・17・22・23・26・27・28・29・31・39・42・50・147
シシリー島	132
四神	144
四霊獣	144
七人のハトホル	153
シチリア島	68・89
しぶんぎ座	11
周極星	150
シュムプレガデスの岩	133
シュメール時代	50・78・82・86・98・110
シュメール人	7・9・18
シュリンクス	80
春分点	13・86・98
春分の日	86
じょうぎ座	10
処女宮	13
シリウス	8・104・105・118・119・125・139・143・147・149・151
人馬宮	13

す

朱雀	144・145・147
スチュンパリデスの森	52
すばる	99・110・111・115・130・149
スパルタ	57・124・164・165
スピカ	16・27・31・34・35・144・146

スペイン	154・155・156

せ

西春坊	135・159
西方7宿	145
青龍	144・145・146
セイレーン	133
ゼウス	20・21・25・28・33・36・37・49・52・57・61・64・68・72・73・80・81・84・85・88・89・92・97・100・101・109・112・113・117・120・124・125・129・130・132・136・137・160・161・162
セティ1世王の墓	150・152
セト	137・151
セリポス島	92・93・164・165・166
占星術（星占い）	7・12・13・98
セント・エルモの火	124

そ

双魚宮	13
双児宮	13
ソティス	151

た

タイ	137・158
大火	62
大航海時代	9
太子	145
タイタン族	25・130
大宰府	145
竪琴	54・55・56・57・68・69・88・124
たて座	9・146・148
ダナエ	92・97・162・166
七夕	45・54・68・158
たましいの車座	139・141・142
タロス	133
タンタロス	129
タンムーズ	114

ち

チャールズの樫の木座	10
中国	23・62・68・144・145・158
中国の星座	144・145
チュンデレオス	57
ちょうこくぐ座	10

つ

つる座	129

て

ティアマト ……………………………… 94・96・97
ディオニュッソス … 25・41・53・89・116・121・162・163
ディオメデス ……………………………………… 52
ティコ・ブラーエ ………………………………… 30
ティリュンス ………………… 24・29・48・84・85・165
デーメーテール ………………… 35・36・37・160・163
テーブルさん座 …………………………………… 10
テーベ ……………………………………… 52・120
テスティオス王 …………………………………… 57
テセウス …………………………………………… 53
テッサリア ………………… 60・100・129・131・165
デネブ ……………………………………… 44・45・55
デネブカイトス ………………… 76・77・95・102・148・149
デネボラ …………………………………… 17・27・31
テュフォン ……………………………… 28・80・88・89
デルセト ……………………………………… 129・163
でんききかいしつ座 ……………………………… 10
天蠍宮 ……………………………………………… 13
天帝 ………………………………………………… 68
デンデラ …………………………………………… 150
天球図 ……………………………………………… 150
天の狩人座 ……………………………………… 114
天のガンジス川 …………………………… 137・158
天のナイル川 ……………………………… 137・158
天のユーフラテス川 ……………………… 137・158
天秤宮 ……………………………………………… 13
てんびん座 … 13・39・44・45・62・63・64・65・146・150

と

トゥエリス ………………………………………… 150
東方7宿 …………………………………………… 145
ドーデ ……………………………………… 143・158
とかげ座 ……………………………………………… 9
とけい座 …………………………………………… 10
トナカイ座 ………………………………………… 10
とも座 ……………………………………………… 10
トラキア ……………………………………… 89・164
トラキア王 ………………………………………… 56
トリトン …………………………………………… 133
鳥の道 ……………………………………… 137・158
トレミーの48星座 ……………………………… 8・9・
18・22・26・30・34・38・46・50・54・58・62・66・70・
78・82・86・90・98・106・110・114・118・122・131
トロイ ……………………………………… 68・81・164
トロイ戦争 ………………………………………… 57

な

ナイル川 ………………………… 80・88・137・151・153
夏の大三角 ………………………………… 45・55・67
ナブー ……………………………………………… 122
南斗六星 …………………………… 44・71・146・148

南方7宿 …………………………………………… 145
ニンフ … 20・21・33・48・56・69・72・80・96・108・113・130

に

日本 ……………………………………………… 13・54・
62・66・122・135・137・139・144・145・159・164
ニネヴェ …………………………………………… 12
ニュージーランド ……………………………… 136・159

ぬ

ヌート ……………………………………… 151・163

ね

ネクタル …………………………………………… 81
ネフェレー ………………………………………… 100
ネメア ……………………………………… 28・29・52・165

は

パーン …………………………………………… 80・163
バイエル …………………………………………… 9
ハイモス山 ………………………………………… 89
はくちょう座 ………………… 44・45・54・55・57
白羊宮 ……………………………………………… 13
化けガニ …………………………………… 24・25・41
はと座 ……………………………………………… 9
ハデス ……………………………… 37・57・61・160・163
ハトホルの星 …………………………………… 152
ハトホル …………………………………… 152・153・163
ハトホル神殿 …………………………………… 150
バビロニア …………………………… 7・12・18・26・58・66・
86・90・94・98・100・106・118・122・137・150・158
バビロン ……………………………………… 90・122
バルチウス ……………………………………… 9・118
春の大曲線 ………………………………………… 16・17
春の大三角図 ……………………… 16・17・27・31・42
バリットの星図
… 11・25・29・37・61・72・89・96・109・113・120・125
ハルピュイア …………………………………… 132

ひ

ピーネウス ……………………………………… 132・133
彦星 ………………………………………………… 45・66
ヒッパルコス ……………………………… 8・9・13・98
ピッポリテス ……………………………………… 52
ひどけい座 ………………………………………… 10
ヒドラ ……………………… 24・25・40・41・49・52・73
ピサロ ……………………………………… 154・156
白虎 ……………………………………… 144・145・149
ヒヤデス星団 ……………………………… 8・110・111
ピレネ ……………………………………………… 85

ふ

ファイノメナ ………………………………… 8
ファラオ ………………………………… 152・153
フィリラ ………………………………… 72・162・163
ふうちょう座 …………………………………… 9
フェートン ……………………………… 128・129
フェニキア ……………………………… 18・30・
　38・46・54・58・66・90・98・112・118・120・164
フォーマルハウト …………………… 77・79・102・148
ふたご座 ……………… 12・13・22・57・104・105・
　122・123・124・125・126・132・143・145・147・149
豚の道 ………………………………… 137・158
冬の大三角 …………………… 104・105・118・119
フランス …………………… 9・10・131・143・158・164
フリードリヒの栄誉座 ………………………… 10
フリクソス ……………………………… 101・131
プレイオネー …………………………………… 130
プレセペ星団 ……………………………… 22・23・25
プレヤデス星団 … 8・110・111・130・152・153・154・156
プレヤデス姉妹 ………………………………… 130
プロキオン ……………… 104・105・118・119・147
プロクリス ……………………………………… 120
プロメテウス …………………… 48・49・160・161・163

へ

ヘーパイストス … 25・52・108・116・129・133・160・163
ヘーベ ……………………………… 81・160・162・163
ヘーラ ………………………… 20・21・25・29・33・41・
　48・49・52・53・81・88・136・137・160・162・163
ペーリオン山 ………………………………… 61・72
ベガ ………………………… 44・45・51・54・55・68
ペガスス ……………………… 82・83・84・85・93・97
ペガススの大四辺形 ……………… 76・82・83・87・91・95
ペガスス座 … 75・76・82・83・84・85・144・148・149
ヘカテ …………………………………………… 36
ヘシオドス …………………………………… 8・160
ヘスペリデス ……………………………… 48・49・52
ベテルギウス …………… 104・105・115・119・149・156
へび座 ………………… 44・45・58・59・60・61・146
へびつかい座 … 13・41・44・45・58・59・60・61・146・162
ヘベリウス ……………… 9・20・24・28・32・36・40・48・53・60・64・
　69・81・84・88・97・100・108・112・116・120・124・129・131
ベライ …………………………………………… 129
ヘラクレス ………………… 24・25・28・29・40・41・48・49・
　50・52・53・72・73・81・129・130・132・136・137・162
ペリアース ……………………… 101・131・132・133
ヘリオス ……………………… 36・116・117・128・161・163
ペルー …………………………………………… 154
ヘルクレス座 … 29・44・45・50・51・52・53・132・162
ペルセウス ………………… 92・93・97・130・166
ペルセウス座 …………… 76・90・91・92・93・149・162・166
ペルセフォネー ……………………… 36・37・160・163
ヘルメス ………………… 52・80・81・92・93・137・161・163

ほ

ヘレ ………………………………………… 101
ベレニケ ……………………………………… 32・33
ヘレネー ……………………………………… 57
ベレロフォン ………………………………… 84・85

ほ

宝瓶宮 …………………………………………… 13
ほ座 …………………………………………… 10
ボーデの星図 …… 18・22・26・30・34・38・46・50・54・58・
　62・66・70・78・82・86・90・94・98・106・110・114・118・122
北斗七星
　… 16・17・18・19・42・47・71・134・141・142・158
ポセイドン ……………………………… 52・65・
　68・69・96・97・108・116・117・133・160・163
北極星 ………………………………… 45・46・47・77
ポニアトフスキーのおうし座 …………………… 11
北方7宿 ……………………………………… 145
ホメロス ……………………… 8・18・30・110・114
ボリビア ……………………………………… 154
ポリュデクテス ………………………………… 92
ホルス神 ………………………………… 150・152・163
ポルックス ……… 57・122・123・124・125・132・147
ボロス ……………………………………… 72・73
ホロスコープ …………………………………… 12

ま

マイヤ …………………………………………… 33
マイラ ………………………………………… 121
マウイ …………………………………… 136・159
馬子星 …………………………………… 139・141
磨羯宮 ………………………………………… 13
マルドゥク ……………………………… 90・106
マレア半島 …………………………………… 72・73

み

ミケーネ ………………………………………… 57
みずがめ座
　… 12・13・77・78・79・81・144・145・148・150
三つ星 ……………………… 104・105・115・141・156
三ツ矢 …………………………………… 77・79・148
南アメリカ ……………………………………… 154
みなみじゅうじ座 ……………………………… 9・155
みなみのうお座 …………… 77・78・79・102・129・148
ミネルヴァ ……………………………………… 73
ミノス ……………………………… 113・120・162
ミノタウロス …………………………………… 53
御息所 ………………………………………… 145
ミューズ ……………………………………… 88・163
ミルクの道 …………………………………… 136

め

冥界	37・56・57・61・163
夫婦星	34
めがね星	122
メソポタミア	7・12・18・20・78・94・144
メディア	41・101・133
メデューサ	61・85・90・92・93・97・130
メローペ	116

や

やぎ座	12・13・77・78・79・80・144・145・148・150
や座	129
やまねこ座	9

ゆ

ユリウス・カエサル	62

ら

ラー（太陽神）	151・153
ラーリッサ	93・164・165
ラカイユ	10・131
らしんばん座	10
ラダマンチュス	113・162
ラドーン川	80・163
ラドン	48・49

り

リゲル	104・115・149・156
りゅう座	11・45・46・47・48・49・50
りゅうこつ座	10・135
リュキア	113
リュンケウス	124・125
りょうけん座	9・16・17・30

る

ルキア	84・85・164

れ

レア	72・80・130・160
レグルス	17・27・147
レダ	57・124
レムノス島	116・164
レラプス	120

ろ

ローマ神話	64・73
ろくぶんぎ座	9
ロシア	81・134・137・158
ロワイエ	9

わ

わし座	11・44・45・66・67・68・74・148
ワラガンダ	137・159

画像クレジット

- p29 人喰いライオンと戦うヘラクレス　Zenodot Verlagsgesellschaft mbH
- p41 ヒドラを退治するヘラクレス　Zenodot Verlagsgesellschaft mbH
- p52 地獄の番犬ケルベロスを連れ帰ったヘルクレスにおびえる王　Campana Collection, 1861
- p56 仲むつまじいオルフェウスとエウリディケ　Museum purchase with funds provided by the Agnes Cullen Arnold Endowment Fund
- p65 1825年に出版された「Urania's Mirror」に描かれた　さそり座　Adam Cuerden：復元、所蔵
- p69 イルカに助けられたアーリーオーン　プリンストン大学美術館所蔵
- p80 シュリンクスとパーン神　Zenodot Verlagsgesellschaft mbH
- p133 アルゴ船 ロレンツォ・コスタ画　Zenodot Verlagsgesellschaft mbH
- p133 古代ギリシャで描かれたアルゴ船の英雄たち　Tyszkiewicz Collection; purchase, 1883
- p152 翼を広げる女神イシス　Zenodot Verlagsgesellschaft mbH
- p152 壁画に描かれたオシリス神、アヌビス神、ホルス神　Jean-Pierre Dalbéra撮影
- p160 プロメテウス　Zenodot Verlagsgesellschaft mbH
- p160 アフロディーテ　Marsyasによるコピー
- p164 地中海、黒海MAP　NASA
- p165 ギリシャMAP　NASA

各画像の出典はそれぞれの画像キャプションに明示、その他の画像が沼澤茂美による。

協力　Keith Fujiyoshi
装丁・デザイン　NILSON（望月昭秀＋木村由香利）

沼澤茂美（ぬまざわ・しげみ）

新潟県神林村の美しい星空の下で過ごし、小学校の頃から天文に興味を持つ。上京して建築設計を学び、建築設計会社を経てプラネタリウム館で番組制作を行う。1984年、日本プラネタリウムラボラトリーを設立する。天文イラスト・天体写真の仕事を中心に、執筆、NHKの天文科学番組の制作や海外取材、ハリウッド映画のイメージポスターを手がけるなど広範囲に活躍。
著書に『星座の写し方』『NGC／IC天体写真総カタログ』『宇宙の事典』『星座の事典』『宇宙ウオッチング』『ビッグバン＆ブラックホール』などがある。

脇屋奈々代（わきや・ななよ）

新潟県長岡市に生まれ、幼い頃から天文に興味を持つ。大学で天文学を学び、のちにプラネタリウムの職に就き、解説や番組制作に携わりながら太陽黒点の観測を長年行ってきた。1985年、日本プラネタリウムラボラトリーに参入して、プラネタリウム番組シナリオ、書籍の執筆、翻訳などの仕事を中心に、NHK科学宇宙番組の監修などで活躍。
著書に『NGC／IC天体写真総カタログ』『宇宙の事典』『星空ウオッチング』『ビジュアルで分かる宇宙観測図鑑』『星座の事典』『大宇宙MAP』などがある。

本書に掲載された沼澤茂美の画像に関する問い合わせ先：
アトラス・フォト・バンク
mail@atlasphoto.skr.jp

美しい星座絵でたどる
四季の星座神話

NDC 440

2014年7月14日　発行

著　者　　沼澤茂美・脇屋奈々代
発行者　　小川雄一
発行所　　株式会社 誠文堂新光社
　　　　　〒113-0033　東京都文京区本郷3-3-11
　　　　　（編集）電話03-5805-7761
　　　　　（販売）電話03-5800-5780
　　　　　http://www.seibundo-shinkosha.net/
印刷所　　株式会社 大熊整美堂
製本所　　和光堂 株式会社

©2014, Shigemi Numazawa , Nanayo Wakiya.
Printed in Japan

検印省略
（本書掲載記事の無断転用を禁じます）
万一乱丁・落丁本の場合はお取り替えいたします。

本書のコピー、スキャン、デジタル化等の無断複製は、著作権法上での例外を除き、禁じられています。
本書を代行業者等の第三者に依頼してスキャンやデジタル化することは、たとえ個人や家庭内での利用であっても著作権法上認められません。

Ⓡ〈日本複製権センター委託出版物〉
本書の全部または一部を無断で複写複製（コピー）することは、著作権法上での例外を除き、禁じられています。
本書からの複写を希望される場合は、日本複製権センター（JRRC）の許諾を受けてください。
JRRC〈http://www.jrrc.or.jp　E-mail: jrrc_info@jrrc.or.jp
電話03-3401-2382〉

ISBN978-4-416-11457-5